草莓病虫害识别与防治彩色图说

张志恒 主编

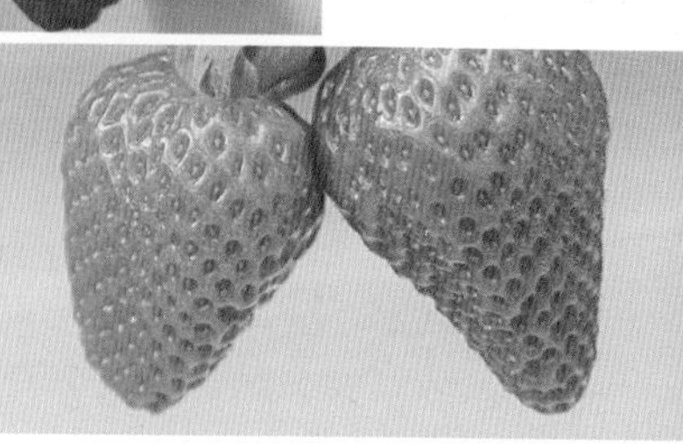

中国农业出版社
北 京

图书在版编目（CIP）数据

草莓病虫害识别与防治彩色图说 / 张志恒主编. —北京：中国农业出版社，2019.3（2022.3重印）
ISBN 978-7-109-25373-5

Ⅰ. ①草… Ⅱ. ①张… Ⅲ. ①草莓-病虫害防治-图解 Ⅳ. ①S436.68-64

中国版本图书馆CIP数据核字（2019）第054910号

中国农业出版社出版
地址：北京市朝阳区麦子店街18号楼
邮编：100125
责任编辑：石飞华 张 利
版式设计：杜 然
印刷：北京通州皇家印刷厂
版次：2019年8月第1版
印次：2022年3月北京第2次印刷
发行：新华书店北京发行所
开本：880mm × 1230mm 1/32
印张：3.25
字数：90千字
定价：29.00元

版权所有 · 侵权必究
凡购买本社图书，如有印装质量问题，我社负责调换。
服务电话：010-59195115 010-59194918

编著人员名单

主　编　张志恒

副主编　童英富　郑永利

参　编　孔樟良　于国光　王华弟　吴声敢　李慧杰

目 录 Contents

第一章 病害识别与防治

第二章 害虫识别与防治

病害识别与防治

一、草莓灰霉病

草莓灰霉病是草莓重要病害之一，分布广泛，发生严重年份可减产50%以上。除危害草莓外，还可危害番茄、辣椒、莴苣、茄子、黄瓜等多种蔬菜。

1. 危害症状 草莓灰霉病主要危害果实、花及花蕾，叶、叶柄及匍匐茎均可感染。叶片染病，初始产生水渍状病斑，扩大后病斑褪绿，呈不规则形；田间湿度高时，病部产生灰色霉层，发生严重时病叶枯死。叶柄、果柄及匍匐茎染病，初期为暗黑褐色油渍状病斑，常环绕一周，严重时受害部位萎蔫、干枯；湿度高时病部也会产生灰白色絮状菌丝。花器染病，初在花萼上产生水渍状小点，后扩展为椭圆形或不规则形病斑，并侵入子房及幼果，呈湿腐状；湿度大时病部产生厚密的灰色霉层，即病菌的分生孢子梗及分生孢子。未成熟的浆果染病，初期产生淡褐色干枯病斑，后期病果常呈干腐状。已转乳白或已着色的果实染病，常从果基近萼片处开始发病，发病初期在受害部位产生油渍状浅褐色小斑点，后扩大到整个果实，果变软、腐败，表面密生灰色霉状物，湿度高时长出白色絮状菌丝。

2. 发生特点 此病由真菌半知菌亚门灰葡萄孢菌*Botrytis cinerea* Pers.侵染所致。病菌以菌丝、菌核或分生孢子在病残体上或土壤中越冬和越夏。在环境条件适宜时，分生孢子借风雨及农事操作传播蔓延，发病部位产生新的分生孢子，重复侵染，加重危害。

花柄染病，病斑呈暗黑褐色油渍状，常环绕一周

花器染病

果柄和幼果染病，后期呈干腐状

成熟浆果染病，多从果基近萼片处开始发病

草莓果实灰霉病

草莓花萼和花托灰霉病，病斑红褐色

病菌喜温暖潮湿的环境，发病最适气候条件为温度18 ~ 25℃，相对湿度90%以上。常年浙江及长江中下游地区草莓灰霉病的发病盛期在2月中下旬至5月上旬及11 ~ 12月。草莓发病敏感生育期为开花坐果期至采收期，发病潜育期为7 ~ 15天。

草莓茎和花器感染灰霉病

草莓叶片灰霉病

设施栽培比露地栽培的草莓发病早且重。阴雨连绵、灌水过多、地膜上积水、畦面覆盖稻草、种植密度过大、生长过于繁茂等条件下，易导致草莓灰霉病严重发生。

3. 防治要点

（1）选用抗病品种，品种间的抗病性差异大，一般欧美系等硬果型品种抗病性较强，而日本系等软果型品种较易感病。

（2）合理密植，避免过多施用氮肥，防止茎叶过于茂盛，增强通风透光。

（3）及时清除老叶、枯叶、病叶和病果，并带出园外销毁或深埋，以减少病原。

（4）选择地势高燥、通风良好的地块种植草莓，并实行轮作，保护地栽培要深沟高畦，覆盖地膜，以降低棚室内的空气湿度，并及时通风透光。

（5）药剂防治[①]。以预防为主，用药最佳时期在草莓第一花序有20%以上开花、第二花序刚开花时。药剂可选用1 000亿个/克枯草芽孢杆菌可湿性粉剂600 ~ 900克/公顷，或50%啶酰菌胺水分散粒剂450 ~ 675克/公顷，或50%嘧菌环胺水分散粒剂

① 本书推荐使用的农药兼顾了农药登记现状、生产实际需要、技术合理性和安全性，由于农业农村部农药登记是动态变化的，目前在草莓上登记的农药又比较少，推荐使用的农药中部分尚未在草莓上登记，农药使用者应根据当地管理部门要求，结合农药标签信息和农业农村部农药登记公告等，选择适当的农药。

450 ~ 720克/公顷，或42.4%唑醚·氟酰胺悬浮剂180 ~ 360克/公顷，38%唑醚·啶酰菌胺水分散粒剂600 ~ 900克/公顷稀释喷雾，或50%克菌丹可湿性粉剂400 ~ 600倍，或50%烟酰胺干悬浮剂1 200倍液，或50%乙烯菌核利干悬浮剂1 000 ~ 1 500倍液，或40%嘧霉胺悬浮剂800 ~ 1 000倍液，或75%代森锰锌干悬浮剂600倍液，或50%异菌脲悬浮剂800倍液，或50%腐霉利可湿性粉剂800倍液等喷雾；每7 ~ 10天喷1次，连续防治2 ~ 3次，注意交替用药。施药时上述药剂与有机硅农用助剂3 000倍液配合使用，则防治效果更佳。设施内还可选用10%腐霉利烟剂或45%百菌清烟剂，每公顷用药3 ~ 3.8千克，于傍晚用暗火点燃后立即密闭烟熏一夜，翌日打开通风。烟熏效果一般优于喷雾，因其不增加湿度，防治较为彻底。

二、草莓白粉病

草莓白粉病是草莓重要病害之一。在草莓整个生长季节均可发生，苗期染病造成秧苗素质下降，移植后不易成活；果实染病后严重影响品质，导致成品率下降。在适宜条件下可以迅速发展，蔓延成灾，损失严重。

1. 危害症状 草莓白粉病主要危害叶、叶柄、花、花梗和果实，匍匐茎上很少发生。叶片染病，发病初期在叶片背面长出薄薄的白色菌丝层，随着病情的加重，叶片向上卷曲呈汤匙状，并产生大小不等的暗色污斑，以后病斑逐步扩大且叶片背面产生一层薄霜似的白色粉状物（即为病菌的分生孢子梗和分生孢子），发生严重时多个病斑连接成片，可布满整张叶片；后期呈红褐色病斑，叶缘萎缩、焦枯。花蕾、花染病，花瓣呈粉红色，花蕾不能开放。果实染病，幼果不能正常膨大，干枯，若后期受害，果面覆有一层白粉，随着病情加重，果实失去光泽并硬化，着色变差，严重影响浆果质量，并失去商品价值。

2. 发生特点　此病由真菌子囊菌亚门单囊壳属的羽衣草单囊壳菌*Sphaerotheca aphanis*侵染所致。病原菌是专性寄生菌，以菌丝体或分生孢子在病株或病残体中越冬和越夏，成为翌年的初侵染源，主要通过带菌的草莓苗等繁殖体进行中远距离传播。环境适宜时，病菌借助气流或雨水扩散蔓延，以分生孢子或子囊孢子从寄主表皮直接侵入。经潜育后表现病斑，7天左右在受害部位产生新的分生孢子，重复侵染，加重危害。

病菌侵染的最适温度为15 ～ 25℃，相对湿度80%以上，但雨水对白粉病有抑制作用，孢子在水滴中不能萌发；低于5℃和高于

病叶呈汤匙状向上卷曲，正面产生大小不等的暗色污斑

病叶背面产生白色粉状物（分生孢子梗和分生孢子）

病果表面产生白色粉状物

苗期田间危害状

35℃均不利于发病。常年浙江及长江中下游地区设施草莓的发病盛期在2月下旬至5月上旬与10月下旬至12月。草莓发病敏感生育期为坐果期至采收后期，发病潜育期为5 ~ 10天。

设施栽培比露地栽培的草莓发病早，危害时间长，受害重。栽植密度过大、管理粗放、通风透光条件差、植株长势弱等，易导致白粉病加重发生。草莓生长期间高温干旱与高温高湿交替出现时，发病加重。品种间抗病性差异大。

3. 防治要点

（1）选用抗病品种，培育无病壮苗。不同的草莓品种对白粉病抗性有较大差异，宜选择章姬、红颜、宝交早生、哈尼、全明星等对白粉病抗性较强的品种。

（2）加强栽培管理。栽前种后要清洁园地；草莓生长期间应及时摘除病残老叶和病果，并集中销毁；要保持良好的通风透光条件，雨后及时排水，加强肥水管理，培育健壮植株。

（3）药剂防治。露地草莓开花前的花茎抽生期和设施栽培的10 ~ 11月和翌春3 ~ 5月是预防关键时期。在发病初期，选用1 000亿个/克枯草芽孢杆菌可湿性粉剂480 ~ 720克/公顷，或4%四氟醚唑水乳剂750 ~ 1 250克/公顷，或30%氟菌唑可湿性粉剂225 ~ 450克/公顷，或12.5%粉唑醇悬浮剂450 ~ 900克/公顷，42.4%唑醚 · 氟酰胺悬浮剂360 ~ 525克/公顷，或300克/升醚菌 · 啶酰菌胺悬浮剂375 ~ 750毫升/公顷稀释喷雾，或50%烟酰胺干悬浮剂1 200倍液，或50%醚菌酯干悬浮剂3 000 ~ 5 000倍液，或10%苯醚甲环唑水分散粒剂 1 000 ~ 1 200倍液，或99%矿物油乳油300倍液，或5%高渗腈菌唑乳油1 500倍液，或40%氟硅唑乳油4 000倍液，在发病中心及周围重点喷施，每7 ~ 10天喷1次，连续防治2 ~ 3次。施药时上述药剂与有机硅农用助剂3 000倍液配合使用，则防治效果更佳。设施内还可选用45%百菌清烟剂或20%百菌清＋腐霉利烟剂在傍晚闭棚后熏蒸防治。早春连续低温天气或遇寒流侵袭时，三唑酮、腈菌唑、戊唑醇、苯醚甲环唑、氟硅唑等三唑类杀菌剂易引起草莓滞长，应慎用或停用。

三、草莓炭疽病

草莓炭疽病是草莓苗期的主要病害之一，南方草莓产区发生尤为普遍。

1. 危害症状　草莓炭疽病主要发生在育苗期（匍匐茎抽生期）和定植初期，结果期很少发生。主要危害匍匐茎、叶柄、叶片、托叶、花瓣、花萼和果实。染病后的明显特征是草莓植株受害可造成局部病斑和全株萎蔫枯死。匍匐茎、叶柄、叶片染病，初始产生直径3～7毫米的黑色纺锤形或椭圆形溃疡状病斑，稍凹陷；当匍匐茎和叶柄上的病斑扩展成为环形圈时，病斑以上部分萎蔫

苗期匍匐茎染病，产生黑色纺锤形或椭圆形溃疡状病斑，后扩展成为环形圈

短缩茎染病，根冠部横切面自外向内发生褐变，但维管束未变色

发病初始，展开叶失水下垂

叶片染病

田间危害状

草莓匍匐茎炭疽病

枯死，湿度高时病部可见肉红色黏质孢子堆。该病除引起局部病斑外，还易导致感病品种尤其是草莓秧苗成片萎蔫枯死；当母株叶基和短缩茎部位发病，初始1 ～ 2片展开叶失水下垂，傍晚或阴天恢复正常，随着病情加重，则全株枯死。虽然不出现心叶矮化和黄化症状，但若取枯死病株根冠部横切面观察，可见自外向内发生褐变，而维管束未变色。浆果受害，产生近圆形病斑，淡褐至暗褐色，软腐状并凹陷，后期也可长出肉红色黏质孢子堆。

2. 发生特点 此病由真菌半知菌亚门毛盘孢属草莓炭疽菌*Colletotrichum fragariae* Brooks侵染所致，其有性阶段为子囊菌亚门小丛壳属的*Glomerella fragariae*。病菌以分生孢子在发病组织或落地病残体中越冬。在田间分生孢子借助雨水及带菌的操作工具、病叶、病果等进行传播。

病菌侵染最适气温为28 ～ 32℃，相对湿度在90%以上，是典型的高温高湿型病害。5月下旬后，当气温上升到25℃以上，草莓匍匐茎或近地面的幼嫩组织易受病菌侵染，7 ～ 9月间在高温高湿条件下，病菌传播蔓延迅速。特别是连续阴雨或阵雨2 ～ 5天或台风过后的草莓连作田、老残叶多、氮肥过量、植株幼嫩及通风透光差的苗地发病严重，可在短时期内造成毁灭性的损失。近几年来，该病的发生有上升趋势，尤其是在草莓连作地，给培育壮苗带来了严重障碍。

3. 防治要点

（1）选用抗病品种。品种间抗病性差异明显，如宝交早生、早红光等品种抗病性强，丰香等品种抗病性中等，丽红、女峰、春香、章姬、红颜等品种易感病。

（2）育苗地要严格进行土壤消毒，避免苗圃地多年连作，尽可能实施轮作制。

（3）控制苗地繁育密度，氮肥不宜过量，增施有机肥和磷钾肥，培育健壮植株，提高植株抗病力。

（4）及时摘除病叶、病茎、枯叶、老叶及带病残株，并集中烧毁，减少传播。

（5）对易感病品种可采用搭棚避雨育苗，或夏季高温季节育苗地遮盖遮阳网，减轻此病的发生危害。

（6）药剂防治。在发病前用60%唑醚·代森联可分散粒剂1 200倍液等喷雾预防。在发病初期选用25%吡唑醚菌酯乳油2 000 ~ 2 500倍液，或32.5%苯甲·嘧菌酯悬浮剂1 000 ~ 1 500倍液，或25%咪鲜胺乳油1 000倍液，或43%戊唑醇悬浮剂4 000倍液，或20%苯醚甲环唑微乳剂1 500倍液，或68.75%噁唑菌酮水分散性粉剂800 ~ 1 000倍液，或70%丙森锌可湿性粉剂600 ~ 800倍液等喷雾，每10天左右喷1次，连续防治3 ~ 5次。

四、草莓枯萎病

草莓枯萎病是一种真菌性维管束病害，在我国主要草莓产地多有发生，严重时造成大量死苗。

1. 危害症状　草莓枯萎病多在苗期和开花坐果期发病。发病初期，叶柄出现黑褐色长条状病斑，外围叶自叶缘开始变为黄褐色。严重时叶片下垂，变为淡褐色，后枯黄，最后枯死；心叶发病变黄绿或黄色，有的卷缩或呈波状产生畸形叶，病株叶片失去光泽，在3片小叶中往往出现1 ~ 2叶畸形或变狭小硬化，且多

心叶黄化、小叶畸形

外围叶叶缘褐变、枯黄

发生在一侧。植株生长衰弱、矮小，最后呈枯萎状凋萎。与此同时，根系减少，细根变黑腐败。受害轻的病株症状有时会消失，而被害株的根冠部、叶柄、果梗维管束横切面呈环形点状褐变，根部纵剖镜检可见菌丝。轻病株结果减少，果实不能膨大，品质差，减产，匍匐茎明显减少。草莓枯萎病症状与黄萎病近似，但枯萎病发病后草莓植株心叶黄化、卷缩或畸形，且发病高峰期在高温季节。

2.发生特点 此病由真菌半知菌亚门尖孢镰刀菌草莓专化型 *Fusarium oxysporum* Schl.f.sp. *fragariae* Winks et Willams侵染所致。病菌以菌丝体和厚垣孢子随病残体遗落土中或未腐熟的带菌肥料中越冬。带菌土壤和肥料中存活的病菌成为翌年主要初侵染源。病菌在植株萌发子苗时进行传播蔓延。在环境条件适宜时，厚垣孢子萌发后从自然裂口和伤口侵入寄主根茎维管束内进行繁殖、生长发育，形成小型分生孢子，并在导管中移动、增殖，通过堵塞维管束和分泌毒素，破坏植株正常输导机能，引起植株萎蔫枯死。

病菌喜温暖潮湿环境，最适发病温度在28 ～ 32℃，是耐高温性的病菌。浙江及长江中下游草莓种植区，草莓枯萎病的主要发病盛期在5 ～ 6月及8月下旬至9月。

设施栽培明显比露地栽培草莓发病重。连作地、地势低洼、排水不良、雨后积水的田块发病早且危害重；特别是天气时雨时晴或连续阴雨后突然暴晴，病症表现快且发生重。栽培上偏施氮肥、施用未充分腐熟的带菌农家肥、植株长势弱和地下害虫危害重的地块，易诱发此病。年度间梅雨期和秋季多雨年份发病重。

3. 防治要点

（1）加强对草莓苗检疫，建立无病苗圃，栽种无病苗。

（2）草莓与水稻等禾本科作物进行3年以上轮作。

（3）加强栽培管理，推广高畦栽培，施用充分腐熟的有机肥，控制氮肥施用量，增施磷钾肥及微量元素，雨后及时排水。

（4）土壤处理。发现病株及时拔除集中烧毁，病穴用生石灰消毒。重茬地在定植前使用棉隆等熏蒸消毒。

（5）药剂防治。发病初期选用2.5%咯菌腈悬浮剂1 500倍液，或2%农抗120水剂200倍液，或30%苯甲·丙环唑乳油3 000倍液，或75%代森锰锌干悬浮剂600倍液，或70%甲基硫菌灵可湿性粉剂500倍液，或50%多菌灵可湿性粉剂400倍液喷淋秧苗茎基部位，每隔7 ~ 10天喷1次，连续防治3 ~ 4次。

五、草莓青枯病

草莓青枯病是细菌性维管束组织病害，是草莓生产中的主要病害之一。我国长江流域以南地区草莓栽培区均有发生。青枯病菌寄主范围广泛，除草莓外，还危害番茄、茄子、辣椒及大豆、花生等100多种植物，以茄科作物最感病。

1. 危害症状　草莓青枯病多见于夏季高温时的育苗圃及栽植初期。发病初期，草莓植株下位叶1 ~ 2片凋萎脱落，叶柄变为紫红色，植株发育不良，随着病情加重，部分叶片突然失水，绿色未变而萎蔫，叶片下垂似烫伤状。起初2 ~ 3天植株中午萎蔫，夜间或雨天尚能恢复，4 ~ 5天后夜间也萎蔫，并逐渐枯萎死亡。将病株根茎部横切，导管变褐，湿度高时可挤出乳白色菌液。严重时根部变色腐败。

部分叶片突然失水下垂，但叶色未变

发病后期逐渐枯萎死亡

2.发生特点 此病由细菌青枯假单胞杆菌*Pseudomonas solanacearum* Smith侵染所致。病原细菌在草莓植株上或随病残体在土壤中越冬，通过土壤、雨水和灌溉水或农事操作传播。病原细菌腐生能力强，并具潜伏侵染特性，常从根部伤口侵入，在植株维管束内进行繁殖，向植株上、下部蔓延扩散，使维管束变褐腐烂；病菌在土壤中可存活多年。

病菌喜高温潮湿环境，最适发病条件为35℃、pH6.6左右。浙江及长江中下游的发病盛期在6月的苗圃期和8月下旬至9月下旬的草莓定植初期。

久雨或大雨后转晴、遇高温阵雨或干旱灌溉、地面温度高、田间湿度大时，易导致青枯病严重发生。草莓连作地、地势低洼、排水不良的田块发病较重。

3. 防治要点

（1）实行水旱轮作，避免与茄科作物轮作。

（2）提倡营养钵育苗，减少根系伤害；高畦深沟，合理密植，适时排灌，防止积水和土壤过干过湿；及时摘除老叶、病叶，增加通风透光条件。

（3）加强肥水管理，适当增施氮肥和钾肥，施用充分腐熟的有机肥或草木灰，调节土壤pH。

（4）土壤处理。参见“草莓枯萎病”。

（5）药剂防治。于发病初期选用20%噻菌铜悬浮剂400倍液，或80%波尔多液可湿性粉剂500～600倍液等喷雾或灌浇；或40%噻唑锌悬浮剂750～1 125克/公顷稀释喷雾。每10天喷1次，连续防治2～3次。

六、草莓轮斑病

草莓轮斑病危害广泛，我国各草莓产区普遍发生，个别地区发病严重，以草莓育苗地和露地栽培危害较重。

1. 危害症状　草莓轮斑病主要危害叶片、叶柄和匍匐茎。发病初期，叶面上产生紫红色小斑点，并逐渐扩大成圆形或近椭圆形的紫黑色大病斑，此为该病明显特征。病斑中心深褐色，周围黄褐色，边缘红色、黄色或紫红色，病斑上有时有轮纹，后期会出现小黑斑点（即病菌分生孢子器），严重时病斑连成一片，致使叶片枯死。病斑在叶尖、叶脉发生时，常使叶组织呈V形枯死，

近圆形紫黑色病斑

V形病斑及分生孢子器

近圆形病斑上有明显轮纹

亦称草莓V形褐斑病。

2. 发生特点 此病由真菌半知菌亚门球壳孢目拟点属的*Phomopsis obscurans*侵染所致。病菌以病叶组织或病残体上的分生孢子器及菌丝体在土壤中越冬，成为翌年初侵染源。越冬病菌到翌年6～7月气温适宜时产生大量分生孢子，借雨水溅射和空气传播进行侵染，而后病部不断产生分生孢子进行多次再侵染，加重危害。

病菌喜温暖潮湿环境，发病最适温度为25～30℃。浙江及长江中下游地区草莓轮斑病主要发病时期是6月中下旬（梅汛期）至9月，特别是在夏秋季高温高湿发病尤为严重。

夏秋季气温偏高、降水量过大的年份，易诱发此病。草莓重茬地及苗床水平畦漫灌的发病重。

3. 防治要点

（1）加强培育管理，通风透光，减少氮肥使用量，促使植株健壮，提高自身抗逆能力。

（2）清洁田园，适时摘除病叶、老叶并集中销毁是防治该病的有效方法之一。

（3）草莓移栽时摘除病叶后，用70%甲基硫菌灵可湿性粉剂500倍液，或10%多抗霉素水剂200倍液浸苗15分钟左右，待药液晾干后种植。

（4）发病初期选用20.67%噁酮·氟硅唑乳油2 000 ～ 3 000倍液，或80%代森锰锌可湿性粉剂700倍液，或75%代森锰锌干悬浮剂600倍液，或50%多·锰锌可湿性粉剂700倍液，2%农抗120水剂200倍液，或25%嘧菌酯悬浮剂1 500倍液，10%苯醚甲环唑水分散粒剂1 500倍液，或40%腈菌唑可湿性粉剂6 000倍液，或50%异菌脲悬浮剂800倍液，或50%腐霉利可湿性粉剂800倍液，或75%百菌清可湿性粉剂600倍液；每隔10天左右喷1次，连续防治2 ～ 3次。施药时上述药剂与“有机硅农用助剂——杰效利”3 000倍液等配合使用，则防治效果更佳。设施栽培也可选用腐霉·百菌清烟剂熏蒸防治。

七、草莓蛇眼病

草莓蛇眼病又称为草莓白斑病，在我国草莓栽培区广泛发生。

1. 危害症状　草莓蛇眼病主要危害叶片，大多发生在老叶上，叶柄、果梗、浆果也可受害。叶片染病初期，出现深紫红色的小圆斑，以后病斑逐渐扩大为直径2 ～ 5毫米的圆形或长圆形斑点，病斑中心为灰色，周围紫褐色，呈蛇眼状。危害严重时，数个病斑融合成大病斑，叶片枯死，并影响植株生长和芽的形成。果实染病，浆果上的种子单粒或连片受害，被害种子连同周围果肉变成黑色，丧失商品价值。

深紫红色小病斑

蛇眼状病斑

数个病斑融合成大病斑

2.发生特点 此病由真菌半知菌亚门柱隔孢属杜拉柱隔孢 *Ramularia tulasnei*（*R. fragariae* Peck）侵染所致。有性世代为子囊菌亚门腔菌属草莓蛇眼小球壳菌 *Mycosphaerella fragariae*（Tul.）Lindau。病菌以病斑上的菌丝或分生孢子越冬，有的可产生菌核或子囊壳越冬。翌年春季产生分生孢子或子囊孢子借空气传播和初次侵染，后病部产生分生孢子进行再侵染。病苗和表土上的菌核是主要的传播体。

病菌喜潮湿的环境，发病的最适温度为18 ~ 22℃，低于7℃或高于23℃不利于发病。重茬田、排水不良、管理粗放的多湿地块或植株生长衰弱的田块发病重。浙江及长江中下游草莓种植区，初夏和秋季光照不足、多阴雨天气发病严重。

3.防治要点

（1）摘除老叶、枯叶，改善通风透光条件；采收后及时清洁田园，将残、病叶集中销毁。

（2）定植时清理草莓植株，淘汰病株。

（3）实行水稻、草莓轮作制度。

（4）药剂防治。参照“草莓轮斑病”。

八、草莓角斑病

草莓角斑病又称为草莓褐角斑病、灰斑病，是草莓苗期的主要病害之一，在南方草莓产区均有发生。

1. 危害症状　草莓角斑病主要危害叶片，初侵染时产生暗紫褐色多角形病斑，病斑边缘色深，扩大后变为灰褐色，后期病斑上有时具轮纹。

2. 发生特点　此病由真菌半知菌亚门*Phyllosticta fragaricola* Desm et Rob侵染所致。病菌以分生孢子器在草莓病残体上越冬，翌年春季温湿度适宜时产生分生孢子，并通过雨水和灌溉水传播进行初次侵染和多次再侵染，浙江及长江中下游地区以5 ~ 6月草莓苗期发病较重，品种间以美国6号较感病。

3. 防治要点

（1）选用抗病品种。

（2）其他防治措施，参照“草莓轮斑病”。

叶片上产生暗紫褐色多角形病斑

病斑边缘深褐色，大病斑中间灰褐色

九、草莓黑斑病

草莓黑斑病是草莓常见病害之一，分布广泛，我国各草莓产地均有发生。

1. 危害症状 草莓黑斑病主要危害叶片、叶柄、茎和浆果。叶片染病，在叶片上产生直径5 ~ 8毫米的黑色不规则病斑，略呈轮纹状，病斑中央呈灰褐色，有蛛网状霉层，病斑外常有黄色晕圈。叶柄或匍匐茎染病，常产生褐色小凹斑，当病斑围绕叶柄或茎部一周后，因病部缢缩干枯易折断。果实染病，果面上产生黑色病斑，上有黑色灰状霉层，病斑仅局限于皮层一般不深入果肉，但因黑霉层污染而使浆果丧失商品价值。一般贴地果实发病较多。

2. 发生特点 此病由真菌半知菌亚门链格孢属*Alternaria alternate* (Fries) Keissler侵染所致。病菌以菌丝体在病株上或落地病残体上越冬。借种苗等传播，环境中的病菌孢子也可引起侵染而发病。

病菌在高温高湿天气和田间潮湿条件下易发生和蔓延，重茬地发病较严重。浙江及长江中下游地区草莓黑斑病以侵染苗圃秧苗为主，发病期为6 ~ 8月。

病叶正面

病叶背面

3. 防治要点

（1）选择抗病品种。品种间抗性差异较大，如盛岗16最为感病，新明星较抗病。

（2）草莓生长期间及时摘除病老残叶和病果，并销毁；生产季结束后要彻底清洁园地，烧毁腐烂枝叶。

（3）药剂防治。参照“草莓轮斑病”。

十、草莓褐斑病

草莓褐斑病有时也称为草莓叶枯病，是草莓重要病害之一。

1. 危害症状　草莓褐斑病主要危害幼嫩叶片，嫩叶染病，从叶尖开始发生，沿中央主脉向叶基作V形或U形迅速发展，病斑褐色，边缘深褐色，病斑内可相间出现黄绿红褐色轮纹，最后病斑内着生黑褐色的分生孢子堆。老叶染病，起初为紫褐色小斑，逐渐扩大成褐色不规则的病斑。周围常呈暗绿或黄绿色。一般1张叶片只有1个大病斑，严重时出现半叶或2/3叶枯死，甚至整叶死亡。该病还可危害花和果实，导致花萼、花柄枯死，果实受害出现干性褐腐，病果僵硬。

V形褐色病斑，中央色浅，周边色深

U形病斑

2. 发生特点 此病由真菌子囊菌亚门草莓日规壳菌*Gnomonia fructicola*（Arnaud）Fall侵染所致，其无性阶段为凤梨草莓假轮斑菌*Zythia fragariae* Laibach。病原菌在病残体上越冬和越夏，秋冬季节形成子囊孢子和分生孢子，借风雨进行传播侵染。

病菌喜温暖潮湿环境，发病适宜温度为20 ~ 30℃，30℃以上该病发生极少。浙江及长江中下游地区草莓褐斑病的主要发病期在5 ~ 6月，特别是在梅雨季节的多阴雨天气加剧此病的发生和蔓延。

设施栽培或低温多湿、偏施氮肥、光照条件差、管理粗放、苗长势弱发病严重。

3. 防治要点 参照“草莓轮斑病”。

十一、草莓病毒病

草莓病毒病是由不同病毒感染后引起的草莓病害的总称。草莓病毒病危害面广，是草莓生产中的主要病害。一般栽培年限越长，感染的病毒种类越多，发病受害程度越重。

目前，已知草莓生产上造成损失的主要有草莓斑驳病毒、草莓镶脉病毒、草莓轻型黄边病毒、草莓皱缩病毒4种病毒。病毒病具有潜伏侵染的特性，大多数症状不显著，植株不能很快地表现出来，称为隐症。而表现出症状者多为长势衰弱、退化的植株，如新叶展开不充分，叶片小，无光泽，叶片变色，群体矮化，生长不良，坐果少，果形小，畸形果多，产量下降，品质变劣，含糖量降低，含酸量增加，甚至不结果。植株受病毒复合感染时，由于病毒源不同，表现症状各异。

（一）草莓斑驳病毒（SMoV）

草莓斑驳病毒分布极广，凡有草莓栽培的地方几乎均有分布。

1. 危害症状 此病毒单独侵染草莓时无明显症状，但病株长势衰退，果实品质下降。与其他病毒混合侵染时，在指示种森林草莓（*Fragaria vesca*）Alpine和UC-1上，弱毒株系侵染，病株叶片出现黄白不整形褪绿斑驳；强毒株系侵染，出现病株严重矮化，叶片变小，扭曲，产生褪绿斑，呈丛簇状，叶脉透明，脉序混乱。

2. 发生特点　草莓斑驳病毒通过棉蚜、桃蚜和土壤中线虫等进行传播，也可通过嫁接、菟丝子和汁液机械传染。草莓斑驳病属非持久型蚜传病毒，蚜虫得毒和传毒时间很短，仅为数分钟。病毒在蚜虫体内无循回期，数小时后蚜虫失去传毒能力。

草莓斑驳病毒与其他病毒混合侵染，在叶片上形成斑驳症状

3. 防治要点

（1）选用无病毒的健壮母株，培育无病毒种苗。

（2）及时防治蚜虫，减少传播概率。

（3）隔离种植或定期换种。

（4）热处理。草莓斑驳病毒耐热性差，用37～38℃恒温处理10～14天可脱除病毒。

（5）药剂防治。发病初期用2%宁南霉素水剂200～250倍液，或20%吗胍·乙酸铜可湿性粉剂500倍液，或1.5%烷醇·硫酸铜乳油1 000倍液等，与1.8%复硝酚钠水剂3 000～5 000倍液混用，喷雾防治。每隔7天1次，连续2～3次。

（二）草莓轻型黄边病毒（SMYEV）

草莓轻型黄边病毒很少单独发生，常与斑驳、皱缩、镶脉病毒复合侵染，造成草莓植株长势锐减，产量和果实质量严重下降，减产可高达75%。

1. 危害症状 此病毒单独侵染栽培种草莓时，无明显症状，仅出现病株轻微矮化；复合侵染时引起叶片黄化或叶缘失绿，幼叶反卷，成熟叶片产生坏死条斑或叶脉坏死、扭曲，甚至叶片枯死。植株矮化，叶柄短缩，老叶变红，严重时植株死亡。

2. 发生特点 该病毒的弱毒株系，在森林草莓EMC、UC-4、UC-5、Alpine及弗吉尼亚草莓UC-10、UC-11上病症表现明显；在UC-6上无症状表现。主要通过蚜虫传播，具有持久性。据资料介绍，草莓钉毛蚜得毒饲育时间为8小时，接毒饲育时间为6小时，虫体内循回期为24 ～ 40小时，接毒15 ～ 30天后表现症状。此病毒也可通过嫁接传染，但不能通过种子或花粉传染。

3. 防治要点 参照“草莓斑驳病毒病”防治。但要注意的是热处理治疗很难脱毒。

（三）草莓镶脉病毒（SVBV）

草莓镶脉病毒病通过草莓引种而传入草莓产地。

1. 危害症状 此病毒单独侵染草莓无明显症状，但对草莓生长和结果有影响，导致植株生长衰弱，匍匐茎量减少，产量和品质下降。与草莓皱缩病毒或潜隐病毒C复合侵染，危害更大。复合侵染后，草莓病株表现为叶片皱缩、扭曲，小叶向背面反卷，植株极度矮化。发病初期，病叶沿叶脉产生褪绿条斑，之后，形成黄色或紫色病斑，匍匐茎发生量明显减少。发生在成熟叶片上，网脉变黑或坏死，后期部分或全株枯死。

2. 发生特点 草莓镶脉病毒是花椰菜花叶病毒组的成员之一。此病毒主要由蚜虫传播，嫁接和菟丝子也能传染，但不能汁液传染。主要传毒的蚜虫有10余种，不同种的蚜虫具有传毒专化性，只能传播镶脉病毒的不同株系，蚜虫为半持久性传毒。

3. 防治要点 参照“草莓斑驳病毒病”防治。

（四）草莓皱缩病毒（SCrV）

草莓皱缩病毒病是草莓上危害性最大的病毒病，单独侵染，影响草莓长势与产量，与其他病毒复合侵染，危害更为严重。

1. 危害症状　草莓皱缩病毒因株系不同，致病力强弱也有差异，弱毒株系单独侵染时，使草莓匍匐茎的数量减少，繁殖力下降，果实变小。强毒株系单独侵染时，严重降低草莓长势和产量，使草莓植株矮化，叶片产生不规则的黄色斑点，并扭曲变形，一般减产可达35%～40%。当草莓皱缩病毒与其他病毒复合侵染时，使感病品种植株严重矮化，产量大幅度下降，甚至绝产。

2. 发生特点　据资料介绍，草莓皱缩病毒感染指示种森林草莓UC-1、UC-4、UC-5、UC-6、Alpine和弗吉尼亚草莓UC-10、UC-11、UC-12时，叶片产生褪绿斑，并扭曲变形，叶柄上产生褐色或黑色坏死斑，花瓣上产生暗色条纹或黑色坏死条斑。

草莓皱缩病毒主要由蚜虫传播，也可通过嫁接传染，但不能通过汁液传染。蚜虫得毒后能保持数天的传毒能力。

3. 防治要点　参照“草莓斑驳病毒病”防治。

十二、草莓高温日灼病

草莓高温日灼病是草莓生产中常见的生理性病害之一，在生产过程中天气特别是气温的急剧变化或大棚管理不当均易引起草莓高温日灼病，此病主要发生在草莓育苗期及部分敏感品种上。

1. 危害症状　植株叶片似开水烫伤状失绿、凋萎，逐渐表现干枯。部分不耐高温的草莓品种，在夏季高温期间中心嫩叶在初展或未展时叶缘急性干枯死亡，由于叶片边缘细胞死亡，而叶片其他部分细胞生长迅速，使受害叶片多数像翻转的汤匙，且叶片明显变小，干死部分变褐色或黑褐色。夏季草莓育苗地植株受高温灼伤时叶片边缘枯焦，匍匐茎前端子苗枯死或匍匐茎尖端枯死。

2. 发生特点　一是草莓品种本身对高温干旱较为敏感，如红颜、幸香等；二是草莓植株根系发育差，新叶过于幼嫩；三是长期

苗期叶片似开水烫伤状失绿

心叶似翻转的汤匙状

叶片枯焦

田间危害状

阴雨，天气突然放晴，光照强烈，叶片蒸腾，形成被动保护反应；四是3～4月大棚草莓管理不当，棚内温度超过30℃以上，易产生高温烧苗，夏季气温超过35℃以上育苗地草莓苗易受高温影响。草莓苗受日灼危害均削弱长势，影响苗的质量。

3. 防治要点

（1）选择健壮母株，在疏松肥沃的田块种植，以利根系生长，培育长势强的子苗，提高植株抗逆性。

（2）对高温干旱较敏感的红颜、章姬等品种，在夏季高温来临前用遮阳网搭棚遮盖，减少强光直射，又能通风，降低育苗地温度。

（3）3月中旬以后草莓大棚要及时通风，棚内气温掌握在25℃左右；夏季高温干旱来临前草莓育苗地要及时灌水，要求夜灌日排，不宜积水。

（4）慎用赤霉素（赤霉素阻碍草莓根系发育），特别是在高温干旱期避免使用赤霉素。

十三、草莓冻害

冬季或初春期间气温急剧下降时易发生草莓冻害。

1. 危害症状　草莓受冻后，花蕊和柱头向上隆起并干缩，花蕊变黑褐色枯死；幼果褪色，叶片部分冻死干枯。

2. 发生特点　冬季或早春受北方强冷空气影响时，气温下降过快而使草莓叶片、花器和幼果受冻；在蕾期、花期和幼果期设施内出现－3℃以下的低温时，花不能正常发育，雌蕊和柱头即发生冻害。花蕊受冻变黑死亡，花瓣出现紫红色，严重时叶片会呈片状干卷枯死；幼果停止发育，并干枯僵死。

3. 防治要点

（1）冷空气来临前园地灌水，增加设施土壤湿度，提高抗寒能力。

（2）降温时，设施内增盖一层中棚薄膜防寒，增加对外界的隔温条件。

（3）棚内进行人工加温。

（4）降温前，叶面喷施1.8%复硝酚钠水剂3 000 ～ 5 000倍液。

花蕊褐变枯死

幼果褪色坏死

果实冻伤症状

十四、草莓畸形果

1. 危害症状 草莓果实呈鸡冠状或扁平状或凹凸不整等形状，均属于畸形果实。

草莓畸形果

2. 发生特点 发生畸形果的原因有：一是设施内授粉昆虫少或阴雨低温等不良环境影响授粉；二是开花授粉期间出现温度不适、光照不足、湿度过大或土壤过于干燥等情况，导致花器发育受到影响或花粉稔性下降，出现受精障碍；三是设施内温度低于0℃或高于35℃时，花粉及雌蕊受到伤害而影响授粉；四是使用杀螨剂和一些防病药剂会导致雌蕊变褐，影响正常授粉；五是品种本身育性不高，雄蕊发育不良，雌性器官育性不一致；六是花芽分化期氮肥施用过量，也会导致畸形果的发生。

3. 防治要点

（1）选用花粉量大、耐低温、畸形果少、育性高的品种，如红颜、丰香、鬼怒甘、女峰等。

（2）改善管理条件，避免花器发育受到不良因素影响，保持土壤湿润，开花期设施内湿度应控制在60%左右，防止白天设施内35℃以上高温和夜间5℃以下的低温出现，提高花粉稔性，减少畸形果的发生。

（3）防治叶螨、白粉病等病虫的药剂应在开花受精结束6小时后使用。

（4）保护地内放养足够的蜜蜂，一般要求每标准棚放1桶（箱），蜜蜂量不少于5 000只，温度适宜时，草莓授粉率可达100%。

十五、草莓缺铁

1. 危害症状　缺铁的表现症状是幼嫩叶片黄化或失绿，并逐渐由黄化发展成为黄白化，发白的叶片组织出现褐色污斑。草莓严重缺铁时，叶脉为绿色，叶脉间表现为黄白色，色界清晰分明，新成熟的小叶变白色，叶缘枯死。缺铁植株根系生长差，长势弱，植株较矮小。

2. 发生特点　碱性土壤和酸性较强的土壤均易缺铁，土壤过干、过湿也易出现缺铁现象。

3. 防治要点　草莓园地增施有机肥或施用多元素复合肥，促进各种元素均匀释放。在草莓缺铁时可叶面喷施0.2%～0.5%硫酸亚铁或硫酸亚铁胺溶液，也可喷施0.5%～1.0%的尿素铁肥溶液等。

草莓缺铁症状

十六、草莓缺锰

1. 危害症状 缺锰的表现症状是新生叶片黄化，与缺铁、缺硫、缺钼时全叶呈淡绿色的症状相似。进一步发展后，则叶片变黄，有清晰网状叶脉和小圆点，是缺锰的独特症状。严重缺锰时，叶脉保持暗绿色，叶脉之间黄色，叶片边缘上卷，有灼伤，灼伤呈放射状连贯横过叶脉而扩大，与缺铁有明显差异。缺锰植株长势弱，叶薄，果实较小。

草莓缺锰症状

2. 发生特点 缺锰通常发生在碱性、石灰性土壤和沙质酸性土壤。

3. 防治要点 施用有机肥时结合加入硫黄中和土壤碱性，降低土壤pH，提高土壤中锰的有效性，一般每公顷加施硫黄20 ～ 30千克。也可叶面喷施浓度为80 ～ 160毫克/升的硫酸锰水溶液，但在开花或着果时慎用。

十七、草莓生理性缺钙

1.危害症状　草莓缺钙最典型的症状是幼嫩叶片皱缩或缩成皱纹，顶端叶片不能充分展开，叶片褪绿，有淡绿色或淡黄色的界限，下部叶片也可发生皱缩，尖端叶缘枯焦。浆果变硬、味酸。

草莓生理性缺钙症状

2.发生特点　设施草莓植株缺钙一般多发生在春季2～3月，气温较高，植株营养生长加快，在土壤干燥或土壤溶液浓度高的条件下，阻碍对钙的吸收。酸性土壤或沙质土壤容易发生缺钙现象。

3.防治要点

（1）在草莓种植前土壤增施石膏或石灰，一般每公顷施用量800～1 200千克，视缺钙程度而定。

（2）及时进行园地灌水，也可叶面喷施0.3%氯化钙水溶液。

害虫识别与防治

一、斜纹夜蛾

斜纹夜蛾［*Prodenia litura*（Fabricius），异名为*Spodoptera litura* Fabricius］属鳞翅目夜蛾科，别名斜纹夜盗蛾、莲纹夜蛾、花虫等，是我国农业生产上的主要害虫之一，全国各地均有分布。斜纹夜蛾的食性极杂，除危害草莓外，主要危害十字花科蔬菜、茄科蔬菜、豆类、瓜类、菠菜、葱、空心菜、藕、芋等，寄主植物多达99个科290多种。

1. 形态特征

成虫：体长14 ~ 20毫米，翅展30 ~ 40毫米，深褐色。前翅灰褐色，多斑纹，从前缘基部向后缘外方有3条白色宽斜纹带，雄蛾的白色斜纹不及雌蛾明显。后翅白色，无斑纹。

卵：扁半球形，卵粒集结成3 ~ 4层的卵块，表面覆盖有灰黄色疏松的绒毛。

幼虫：共6龄，体色多变，从中胸到第八腹节上有近似三角形的黑斑各1对，其中第一、七、八腹节上的黑斑最大。老熟幼虫体长35 ~ 47毫米。

蛹：体长15 ~ 20毫米，圆筒形，末端细小，赤褐色至暗褐色，腹部背面第四至七节近前缘处有一个圆形小刻点，有1对强大而弯曲的臀刺。

2. 发生特点　斜纹夜蛾从华北到华南一年发生4 ~ 9代不等，华南及台湾等地可终年危害。浙江及长江中下游地区常年发生

斜纹夜蛾成虫

斜纹夜蛾卵块及低龄幼虫

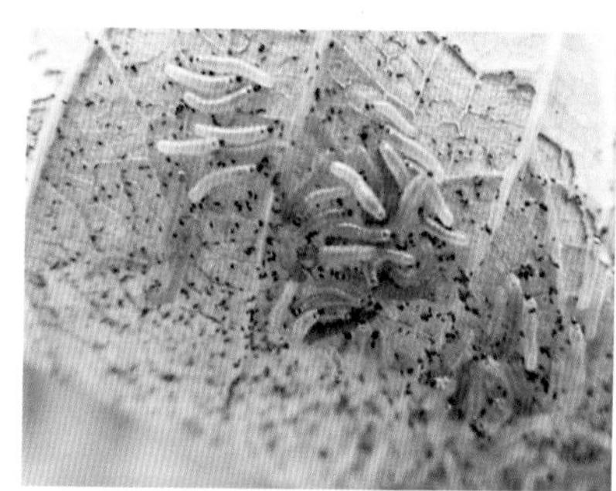

斜纹夜蛾幼虫

斜纹夜蛾老熟幼虫与蛹

斜纹夜蛾幼虫田间危害状

5～6代，世代重叠严重，6月中下旬至7月中下旬是第一代发生期，11月下旬至12月上旬以老熟幼虫或蛹越冬。各代的全代历期差异大，第二、三代为25天左右，第五代在45天以上。但近年来斜纹夜蛾发生明显提早，4月下旬在设施中已有零星发生。

成虫昼伏夜出，飞翔力强，对光、糖醋液等有趋性。产卵前需取食蜜源补充营养，平均每头雌蛾产卵3 ～ 5块，400 ～ 700粒。卵多产于植株中、下部叶片背面。初孵幼虫在卵块附近昼夜取食叶肉，留下叶片表皮，俗称“开天窗”。2 ～ 3龄开始转移危害，也仅取食叶肉。幼虫4龄后昼伏夜出，食量骤增，4 ～ 6龄的取食量占全代的90%以上，将叶片取食成小孔或缺刻，严重时可吃光叶片，并危害幼嫩茎秆及植株生长点。幼虫老熟后，入土1 ～ 3厘米，作土室化蛹。有假死性及自相残杀现象，在田间虫口密度过高时，幼虫有成群迁移习性。

斜纹夜蛾属喜温性害虫，抗寒力弱，发生最适温度为28 ～ 32℃，相对湿度75% ～ 85%，土壤含水量20% ～ 30%。常年浙江及长江中下游地区盛发期在7 ～ 9月，华北为8 ～ 9月，华南为4 ～ 11月。

3. 防治要点

（1）清除杂草，摘除卵块及幼虫扩散危害前的被害叶并销毁。

（2）结合防治其他害虫，可采用杀虫灯或性诱剂或糖醋液诱杀成虫。

（3）药剂防治。第三至五代斜纹夜蛾是主害代，防治上应采取压低3代虫口密度、巧治4代、挑治5代的防治策略。根据幼虫危害习性，防治适期应掌握在卵孵化高峰期至低龄幼虫分散前，应选择在傍晚太阳下山后施药，用足药液量，均匀喷雾叶面及叶背。在卵孵化高峰期可选用5%氟虫脲乳油2 000 ～ 2 500倍液，或5%氟啶脲乳油2 000 ～ 2 500倍液等喷雾，在低龄幼虫始盛期选用5%氯虫苯甲酰胺悬浮剂450 ～ 900克/公顷稀释喷雾，或10%三氟甲吡醚乳油1 000倍液，或15%茚虫威悬浮剂3 500 ～ 4 000倍液，或2.5%甲氧虫酰肼悬浮剂 2 000 ～ 2 500倍液，或1%甲氨基阿维菌素苯甲酸盐乳油1 500倍液等，均匀喷雾叶片正反两面。喷施时在上述药液中添加“有机硅农用助剂——杰效利”3 000倍液等，则防效更佳。

二、肾 毒 蛾

肾毒蛾（*Cifuna locuples* Walker）属鳞翅目毒蛾科，别名大豆毒蛾、肾纹毒蛾、飞机刺毛虫，是草莓常见的毛虫之一。食性杂，全国各地均有分布。除草莓外还危害多种果树和蔬菜植物。幼虫在田间危害期长，食量大，危害重。

1. 形态特征

成虫：为中型蛾，体长15～20毫米，雌蛾展翅40～50毫米，雄蛾34～40毫米。口器退化，触角青黄色，长齿状，栉齿褐色。头胸部深黄褐色，腹部黄褐色。后胸和腹部第二、三节背面各有1束黑色短毛。足深黄褐色。前翅内区前半褐色，间白色鳞片，后半白色，内横线为1条褐色宽带，内侧衬以白色细线。

卵：半球形，淡青绿色，渐变褐色，数十粒至上百粒成块产于叶背或其他物体上。

幼虫：为毛虫，共5龄，老熟幼虫体长40～45毫米，头黑色，有黑毛，前胸背面两侧各有1黑色大瘤，上有向前伸的黑褐色长毛束，其余各节肉瘤棕褐色，上有白褐色毛。腹部第一、二节背面各有2丛粗大的棕褐色竖毛簇，形如机翼，胸足黑色，每节上方白色，腹足暗褐色。

肾毒蛾已孵化的卵块

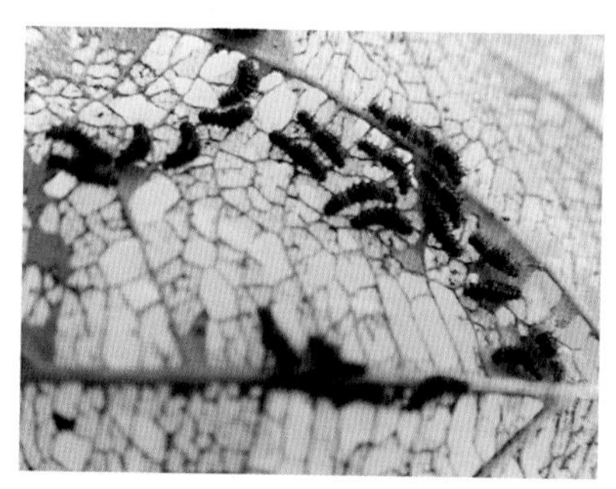

肾毒蛾低龄幼虫

肾毒蛾高龄幼虫

蛹：长21 ~ 24毫米，红褐色，背面有长毛，腹部前4节有灰色瘤状突起，外围淡褐色疏丝茧包。

2. 发生特点 在浙江及长江中下游地区常年发生3代，越冬代成虫在4月中下旬羽化，5 ~ 6月是第一代发生期，7 ~ 9月是第二、三代的发生盛期，10月前后以3龄幼虫在枯枝落叶或树皮缝隙中越冬。各个世代通常在不同植物转移完成，由于草莓生育期长，可以完成周年生活史。幼虫3龄前群聚叶背剥食叶肉，使叶片呈罗网或孔洞状，4龄食量大增，5 ~ 6龄为暴食期，每天可吃2 ~ 4片叶。越冬代幼虫春季暴食期与露地草莓蕾、花期相遇，可以危害花和果实，对结果量和果形有明显影响，以后各代则危害草莓育苗期的植株。

3. 防治要点 参照“斜纹夜蛾”。

三、桃　　蚜

桃蚜［*Myzus persicae*（Sulzer）］属同翅目蚜科，别名桃赤蚜。我国各草莓产区多有发生，除危害草莓外，还危害多种植物。以初夏和初秋发生密度最大，大多群聚在草莓嫩叶叶柄、叶背、嫩心、花序和花蕾上活动，吸取汁液，造成嫩芽萎缩，嫩叶皱缩卷曲，畸形，不能正常展叶。蚜虫是传播草莓病毒病的主要媒体，造成的损失远大于其本身危害所造成的损失。

1. 形态特征

成虫：有翅胎生雌蚜体长1.6 ~ 2.1毫米，无翅胎生雌蚜体长

草莓蚜虫

蚜虫危害草莓花序

2 ~ 2.6毫米，体色多变。头胸部黑褐色，腹部绿、黄绿、褐色、赤褐色。体表粗糙，第七、八节有网纹。腹管细长，圆筒形，端部黑色，额瘤明显。

卵：长约1.2毫米，长椭圆形，初为绿色，后变为黑色，有光泽。

若虫：体小似无翅胎生雌蚜，淡红或黄绿色。

2. 发生特点　一年发生10 ~ 20代。以卵在桃树枝梢或小枝缝隙中越冬，翌年3月上中旬开始孵化繁殖，4 ~ 5月是危害盛期，产生有翅蚜，迁飞到草莓等作物上危害，孤雌生殖无翅蚜；晚秋后又产生有翅蚜，迁回到桃树上产生有性蚜，交尾后产卵越冬。

3. 防治要点

（1）蚜虫天敌较多，有瓢虫、草蛉、食蚜蝇、寄生蜂等，应尽量少用广谱性农药，以保护天敌。

（2）及时清洁田园，摘除草莓老叶，清除杂草。

（3）药剂防治。草莓苗繁殖或假植育苗期，应加强对蚜虫的防治，减少病毒病传播概率。药剂可选用1.5%苦参碱可溶性液剂600 ~ 700毫升/公顷，或20%啶虫脒可溶粉剂90 ~ 180克/公顷，或40%氯噻啉水分散粒剂60 ~ 75克/公顷稀释喷雾，或10%烯啶虫胺水剂1 500 ~ 2 000倍液，或70%吡虫啉水分散粒剂10 000 ~ 15 000倍液喷雾防治。喷施时在上述药液中添加“有机硅农用助剂——杰效利”3 000倍液等，则防效更佳。

四、棕榈蓟马

棕榈蓟马［*Thrips palmi*（Karny）］属缨翅目蓟马科，别名棕黄蓟马、瓜蓟马，浙江及长江中下游地区均有发生。除危害草莓外，还危害十字花科、蔷薇科等多种植物。

1. 形态特征

成虫：体细长，约1毫米，淡黄色至橙黄色，头近方形，4翅狭长，周缘具长毛。前后胸盾片上有纵向条纹，不形成网目状，腹部8节，雌雄两性均有发达突起的栉齿。

卵：长椭圆形，约0.2毫米，黄白色。

若虫：初孵幼虫极细，体白色，1～2龄若虫无翅芽，体色由白转黄色，3龄若虫有翅芽（预蛹），4龄若虫体金黄色（伪蛹），不取食。

2. 发生特点 棕榈蓟马在浙江及长江流域年发生10～12代，有世代重叠现象。成虫活泼、善飞、畏光，嗜蓝色，白天多在叶背或腋芽处，阴天和夜间出来活动，多在心叶和幼果上取食。在设施内年发生有3个高峰期，分别在3月、5月下旬至6月上旬和9～10月。以孤雌生殖为主，偶有两性生殖。每雌虫产卵60～100粒，卵散产于叶肉组织内，卵期2～9天。若虫期3～11天，3龄末期停止取食，落土化蛹，蛹期3～12天，成虫寿命

棕榈蓟马危害草莓叶片

棕榈蓟马危害草莓果实

20 ~ 50天。在发育最适温度15 ~ 32℃、土壤含水量8% ~ 18%时，化蛹和羽化率最高。

成虫和若虫吸食寄主的嫩梢、嫩叶、花和幼果的汁液。被害后的嫩叶、新梢缩小变厚，叶脉间有灰色斑点，也可连片，严重受害时叶片上卷，顶叶不能展开，植株矮小，发育不良，或成“无心苗”，幼果弯曲凹陷，畸形，果实膨大受阻，受害部位发育不良，种子密集，果实僵硬，严重影响果实商品性。

3. 防治要点

（1）清除田间残枝、杂草，消灭虫源。用营养钵育苗，栽培时用地膜覆盖，减少出土成虫数量。

（2）成虫发生期，草莓棚内离地面30厘米左右，每隔10 ~ 15米悬挂一块蓝色粘板诱杀成虫。

（3）药剂防治。在成虫盛发期或每株若虫达到3 ~ 5头时，可选用10%氯噻啉可湿性粉剂750 ~ 1 000倍液，或10%烯啶虫胺水剂1 500 ~ 2 000倍，或25%噻虫嗪水分散粒剂5 000倍液，或60克/升乙基多杀菌素悬浮剂3 000倍液，或10%溴氰虫酰胺可分散油悬浮剂1 500倍液，或70%吡虫啉水分散粒剂10 000 ~ 15 000倍液等喷雾防治。喷施时在上述药液中添加“有机硅农用助剂——杰效利”3 000倍液等，则防效更佳。

五、朱砂叶螨

朱砂叶螨［*Tetranychus cinnabarinus*（Boisduval）］属蛛形纲蜱螨目叶螨科，别名红蜘蛛、全爪螨，是设施栽培草莓的重要害虫。在全国各地分布广泛，食性杂，寄主有100多种植物。以成、若螨在叶背刺吸植物汁液，发生量大时叶片灰白，生长停顿，并在植株上结成丝网，严重发生时可导致叶片枯焦脱落，草莓如火烧状。

1. 形态特征

成虫：雌螨体长0.48毫米左右，宽0.31毫米左右，椭圆形，一

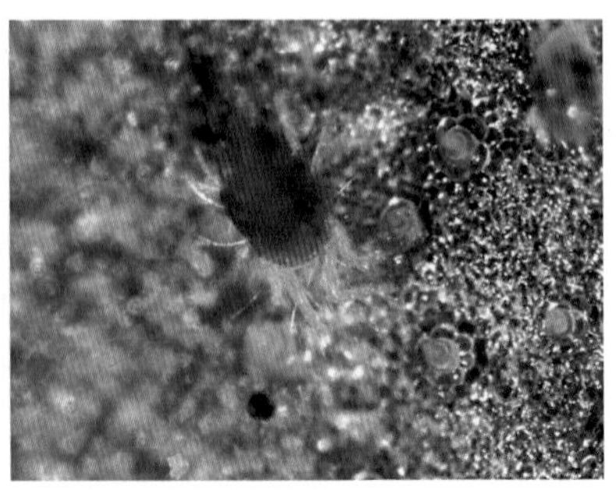

朱砂叶螨

般为深红色或锈红色，无季节性变化。体两侧背面各有1个黑褐色长斑，有时长斑分为前后2个。足4对，无爪，足和体背有长毛。雄螨体小，长约0.36毫米，宽约0.2毫米，体红色或橙红色，头胸部前端近圆形，腹部末端稍尖，阳具弯向背面，端部膨大，形成端锤。

卵：圆球形，直径0.13毫米，有光泽，初产时无色透明，后渐转变为淡黄色和深黄色，最后呈微红色。

幼螨：长约0.15毫米，近圆形，色泽透明，有足3对。

若螨：体长约0.21毫米，有足4对。体形及体色似成螨，但个体较小。

2. 发生特点　每年发生16 ～ 20代，以各种虫态在杂草或树皮缝和叶背越冬，翌年春季气温上升到10℃以上，越冬成螨开始活动。设施内朱砂叶螨可不越冬而持续取食和繁殖。以两性生殖为主，每头雌虫可产卵50 ～ 110粒，也有孤雌生殖现象，卵多产在叶片背面。其生长发育最适温度为29 ～ 31℃，相对湿度35% ~ 55%，高温低湿则发生严重，但温度超过31℃以上，相对湿度超过70%以上时，不利于朱砂叶螨的繁殖。浙江及长江中下游地区露地草莓以5 ～ 7月受害最重。

草莓叶片越老，含氮越高，朱砂叶螨也越多，合理施用氮肥，能减轻危害；粗放管理或植株长势衰弱，危害加重。

3. 防治要点

(1) 及时铲除周围杂草，清除园内枯叶残株及越冬寄主杂草。

（2）草莓育苗期间，及时摘除有虫叶、老叶和枯黄叶，并集中烧毁，减少虫源。

（3）释放捕食螨。

（4）药剂防治。在草莓开花前，当每叶螨量达4 ～ 6头时，选用5%藜芦碱可溶性液剂1 800 ～ 2 100克/公顷稀释喷雾，或24%螺螨酯悬浮剂4 000倍液，或5%虫螨腈悬浮剂1 500倍液，或43%联苯肼酯乳油2 000倍液，或110克/升乙螨唑悬浮剂5 000倍液，或9.5%喹螨醚乳油2 000 ～ 3 000倍液，或10%吡螨胺乳油2 000倍液，或1.8%阿维菌素乳油3 000倍液喷雾防治。喷施时在上述药液中添加“有机硅农用助剂——杰效利”3 000倍液等，则防效更佳。

六、二斑叶螨

二斑叶螨（*Tetranychus urticae* Koch）属蛛形纲蜱螨目叶螨科，别名黄蜘蛛，是设施栽培草莓的重要害螨。国内分布广，危害草莓、瓜果等多种植物，主要在叶片背面刺吸汁液，危害初期叶片正面出现针眼般枯白小点，以后逐渐增多，导致整个叶片枯白。

1. 形态特征

二斑叶螨

成虫：雌螨体长约0.5毫米，宽约0.32毫米，椭圆形。夏秋活动时常为砖红或黄绿色，深秋多为橙红色，滞育越冬，体色变为橙黄色。雄螨体长约0.4毫米，宽约0.22毫米，比雌螨小，近菱形，淡黄色或淡黄绿色，活动敏捷。

卵：直径0.12毫米，球形，有光泽，初产时乳白色半透明，后转黄色，临孵化前出现2个红色眼点。

幼螨：半球形，淡黄色或黄绿色，足3对。

若螨：椭圆形，足4对，静止期绿色或墨绿色。

2. 发生特点 每年发生20代以上，危害草莓一般只有3～4代。以雌螨滞育越冬，翌年春季气温上升达5～6℃时，越冬雌螨开始活动，7～8℃时开始产卵繁殖，每雌螨可产卵50～110粒，随着气温升高繁殖加快，以两性生殖为主，亦可孤雌生殖，世代重叠。露地草莓以5月下旬至7月为二斑叶螨的猖獗危害期，喜群集叶背主脉附近并吐丝结网于网下危害，以吐丝下垂和借风扩散传播，11月陆续进入越冬。设施内由于温度适宜，二斑叶螨可不断取食和繁殖。

3. 防治要点 参照“朱砂叶螨”。

七、茶 黄 螨

茶黄螨［*Polyphagotarsonemus latus*（Banks）］属蛛形纲蜱螨目跗线螨科，别名茶半跗线螨、侧多食跗线螨，是设施栽培草莓的重要害虫。国内各地均有发生。茶黄螨食性杂，寄生植物广，以成、若螨集中在植物幼嫩部位刺吸汁液，受害叶片呈灰褐色或黄褐色，有油渍状或油质状光泽，叶缘向背反卷、畸形。

茶黄螨危害状

1. 形态特征

成虫：雌螨体长0.21毫米，椭圆形，较宽阔，腹部末端平截，背部有1条白色纵带，有4对短足；雄螨体长约0.19毫米，近菱形，末端为圆锥形，淡黄色或橙黄色，半透明有光泽。

卵：直径约0.1毫米，椭圆形，无色透明，卵表面有纵向排列的5 ~ 6行白色小疣，每行6 ~ 8个。

幼螨：倒卵形，体长0.11毫米，乳白色，头胸部和成螨相似。背部有1条白色纵带，腹部明显分为3节，近若螨阶段分节消失，腹部末端呈圆锥形，具有1对刚毛，有3对足。

若螨：长椭圆形，体长0.15毫米，是一个静止的生长发育阶段，首尾呈锥形，体白色半透明。

2. 发生特点 茶黄螨一年发生25 ~ 30代。以雌成螨在土缝、草莓及杂草根际越冬。在设施内可长年危害和繁殖，但12月以后虫口明显减少。螨靠爬行、风力和人为携带传播。前期螨量较少，有明显的分布中心，5 ~ 10月虫口大增。卵散产在幼嫩的叶背或幼芽上，若螨期2 ~ 3天，成螨敏捷，雄螨更为活泼，有携带雌若螨向植株幼嫩部位转移的习性。每雌螨产卵百余粒，以两性生殖为主，也能孤雌生殖。成螨繁殖速度很快，18 ~ 20℃时7 ~ 10天繁殖一代，在20 ~ 30℃的条件下4 ~ 5天可繁殖一代，繁殖最适温度22 ~ 28℃，相对湿度80% ~ 90%。温暖多湿环境有利于茶黄螨的生长发育，危害较重。

3. 防治要点 参照“朱砂叶螨”。

八、小地老虎

小地老虎（*Agrotis ypsilon* Rottemberg）属鳞翅目夜蛾科，别名黑地蚕、切根虫、土蚕，在国内各地都有分布。小地老虎是迁飞性害虫，食性杂，危害多种作物的幼苗或幼嫩组织。在草莓上主要以幼虫危害近地面茎顶端的嫩心、嫩叶柄、幼叶、幼嫩花序及成熟浆果。

1. 形态特征

成虫：体长16 ~ 23毫米，翅展40 ~ 45毫米，头部与胸部黑灰褐色，有黑斑，腹部灰褐色，基线和内线均为黑色双线呈波浪

小地老虎成虫

小地老虎幼虫

形。颈板基、中部各有一条黑横纹，前翅棕褐色，沿前缘较黑，中室附近有一个环形斑和一个肾形斑，肾形斑外侧有一明显的黑色三角形斑纹，尖端向外，亚外缘线内有两个尖端，向内有黑色三角斑纹。后翅灰白色，锯齿形。雄蛾触角为羽毛状，雌蛾触角为丝状。

卵：卵散产，扁球形，顶部稍隆起，底部较平，表面有网状花纹，直径0.4毫米左右，初产时为乳白色，孵化前为灰褐色。

幼虫：幼虫共有6龄，老熟幼虫体长37 ~ 42毫米，体表粗糙，布满黑色颗粒状斑点，虫体近圆筒形，体色为灰褐和黑褐色。

蛹：在土室中化蛹，蛹长18 ~ 24毫米，黄褐至赤褐色，有光泽。

2.发生特点 小地老虎在浙江及长江流域地区一年发生4 ~ 6代，春季第一代幼虫对草莓危害重。

成虫昼伏夜出，有趋光性和趋化性，对黑光灯趋性一般，对糖醋酒混合液趋性较强。越冬代成虫常年在2月中下旬羽化，3月中下旬进入成虫羽化高峰。成虫寿命7 ~ 20天，常在夜间气温10 ~ 16℃、相对湿度90%以上的20 ~ 22时最为活跃，成虫取食，补充营养和交尾，喜欢在近地面的杂草及植物叶片（特别是作物幼苗叶背）、土块、有机质丰富和残留枯草或草根的土表产卵。每雌蛾可产卵1 000粒左右，多的可达3 000粒。幼虫食性很杂，3龄以前幼虫取食草莓嫩尖、叶片等部分。但危害不明显，3龄以上幼虫进入危害盛期，对新鲜嫩叶有嗜好和趋性，白天躲在离表土

2～7厘米的土层中，夜间活动取食嫩芽或嫩叶，常咬断草莓幼苗嫩茎，也吃浆果和叶片。4月下旬和5月上旬是高龄幼虫盛发期，也是草莓受害高峰。幼虫有假死性和自残性，受惊动即卷缩呈环状。食料缺乏时，幼虫可迁移危害。幼虫老熟后入土筑室化蛹。

适宜小地老虎生长发育的温度范围8～32℃，最适环境温度为15～25℃，相对湿度为80%～90%。当月平均温度超过25℃时，不利该虫生长发育，羽化成虫迁飞异地繁殖。小地老虎的卵发育起点温度为8.5℃；幼虫发育起点温度为11.0℃；蛹发育起点温度为10.2℃。

3. 防治要点

（1）清除园内外杂草，并集中销毁，以消灭成虫和幼虫；栽前翻耕整地，栽后在春夏季多次中耕、细耙，消灭表土层幼虫和卵块；发现有缺叶、断苗现象，立即在苗附近找出幼虫，并将其消灭。

（2）物理诱杀。利用成虫的趋性，用电子灭蛾灯或黑光灯或糖醋酒液诱杀越冬成虫。

（3）毒饵诱杀。在幼虫高发季节，将鲜菜叶切碎或米糠炒香，拌5.7%氟氯氰菊酯乳油800倍液或90%晶体敌百虫500倍液，傍晚时撒放植株行间或根际附近。也可用制好的鲜菜叶毒饵，分成小堆放在田间，每100～120米^{2}放1堆，每堆1千克左右，杀虫效果良好。

（4）药剂防治。在1～2龄幼虫盛发高峰期，可选用3%甲维盐微乳剂3 000倍液，或150克/升茚虫威悬浮剂3 000倍液，或15%高效氯氟氰菊酯微乳剂1 000～2 000倍液，或50%辛硫磷乳油1 200倍液等地面喷雾防治；也可每公顷用5%毒死蜱颗粒剂22.5～45千克在近根际条施或点施。施药时宜选择傍晚进行，有利于提高防效。

九、蝼　蛄

蝼蛄属直翅目蝼蛄科，别名拉拉蛄、地拉蛄，是一种多食性害虫。在我国危害较重的是华北蝼蛄（*Gryllotalpa unispina*

Saussure）和东方蝼蛄（*Gryllotalpa orientalis* Burmeister）。成虫和若虫都在土中咬食种子和幼芽、嫩根，危害草莓主要是把幼根和根茎咬断，使植株凋萎死亡。

1. 形态特征

成虫：东方蝼蛄体长30 ～ 35毫米，灰褐色。腹部近纺锤形，前足腿节内侧外缘较直，缺刻不明显，前胸背板心形凹陷明显，后足胫节背面内侧有刺3 ～ 4根。华北蝼蛄体型比东方蝼蛄大，体长39 ～ 66毫米，黄褐色，腹部近圆形，前足腿节内侧弯曲，缺刻明显，前胸背板心形凹陷不明显，后足胫节背面内侧有刺1根或无。

卵：东方蝼蛄卵初产时长2.8毫米，孵化前4毫米，椭圆形，初产乳白色，后变黄褐色，孵化前暗紫色。华北蝼蛄孵化前卵长2.4 ～ 3.0毫米，椭圆形，黄白色至黄褐色。

若虫：东方蝼蛄若虫共8 ～ 9龄，末龄若虫体长25毫米，体形与成虫相近。华北蝼蛄若虫共13龄，5龄若虫体色、体形与成虫相似，末龄若虫体长35 ～ 40毫米。

2. 发生特点　华北蝼蛄生活史长，要3年左右完成1代，东方蝼蛄1年完成1代。两种蝼蛄均以成虫或者若虫在土壤深处越冬。其深度在冻土层以下和地下水位以上。翌年春季3月下旬土温达到8℃以上开始活动，危害设施内果菜等作物；4月上中旬进入表土层窜成许多隧道危害取食，5 ～ 6月气温最适宜蝼蛄危

华北蝼蛄成虫

华北蝼蛄若虫

害露地果菜，6月下旬至8月上旬为蝼蛄越夏产卵期，到9月上旬以后大批若虫和新羽化的成虫从地下土层转移到地表活动，形成秋季危害高峰，10月中旬以后随着气温下降转冷，蝼蛄陆续入土越冬。

蝼蛄的发生与环境条件关系密切，东方蝼蛄喜在潮湿地方产卵，多集中在沿河、池塘、沟渠附近的地块，每雌虫可产卵30～80粒；华北蝼蛄则喜在盐碱地内，靠近地埂、畦堰或松软土壤里产卵，每雌虫可产120～160粒，最多可达500粒。特别是土质为沙壤土或疏松壤土、质地松软、多腐殖质的地区，最适于蝼蛄的生活繁殖，黏重土壤不适于蝼蛄的栖息和活动，发生量少。

两种蝼蛄成虫都有趋光性，对半煮熟的谷子、炒香的麦麸、豆饼及有机肥有趋性。蝼蛄昼伏夜出，以夜间9～11时活动最盛，一般灌水后田块最多，可利用这一特点进行防治，提高防效。蝼蛄活动的适温为12.5～19.8℃，土壤含水量20%以上，土壤干旱及含水量低均不适宜蝼蛄的活动。

3. 防治要点　参照“小地老虎”。

十、蛴　螬

蛴螬是鞘翅目金龟甲总科幼虫的总称，在浙江及长江中下游地区危害较重的有4～5种，其中以铜绿丽金龟［*Anomala corpulenta* Motschulsky］和黑绒金龟［*Serica orientalis* Motschulsky］为优势种，除危害草莓外，还危害粮食作物、蔬菜、油料、芋、棉、牧草及花卉和果、林等多种作物刚播下的种子及幼苗。

1. 形态特征　以铜绿丽金龟为例。

成虫：体长18～21毫米，宽8～12毫米，体铜绿色，小盾片近半圆形，鞘翅长椭圆形，全身具有金属光泽。

卵：初产时长椭圆形，长1.8毫米，宽1.4毫米，乳白色，

铜绿丽金龟成虫

低龄幼虫

高龄幼虫

后期为圆形，孵化时为近黄白色。

幼虫：体肥大，弯曲近C形，老熟幼虫体长30 ~ 40毫米，多为白色至乳白色，体壁较柔软、多皱，体表疏生细毛，头大而圆，多为黄褐色或红褐色，生有左右对称的刚毛。胸足3对，一般后足较长，腹部10节，臀节上生有刺毛。

蛹：体长20毫米，宽10毫米，初蛹白色，而后渐转变为淡黄色，体略向腹面弯曲，羽化前头部色泽变深，复眼变黑。

2. 发生特点 蛴螬年发生代数因种因地而异，一般一年发生1代，或2 ~ 3年1代，最长的有5 ~ 6年1代。蛴螬共3龄，1 ~ 2龄虫期较短，约25天，3龄期最长，可达280天左右，3龄以上在土中越冬。浙江及长江中下游地区6月上中旬为越冬代成虫发生盛期，6月中旬至7月上旬为发生高峰期，6月下旬开始产卵，7月为幼虫孵化盛期，幼虫在土壤中生活4 ~ 5个月，进入3龄后越冬。至翌年4月，越冬幼虫又继续取食危害，形成春秋两季危害高峰。

成虫昼伏夜出，午夜后相继入土潜伏，成虫有假死性。对未腐熟厩肥有强烈趋性，对黑光灯有较强趋光性，喜食害果树、林木的叶和花器。适宜成虫活动的气温为25℃以上，相对湿度为

70%～80%。在闷热无雨、无风的夜间活动最盛，低温和雨天活动较少，成虫有群集取食和交尾习性。成虫羽化后不久即可交尾产卵，每雌虫平均可产卵40粒左右，卵期10天左右。老熟幼虫在土表20～30厘米处作土室化蛹。预蛹期13天，蛹期9天。

蛴螬终生栖居土中，喜食刚刚播下的种子、根、块根、块茎以及幼苗等，造成缺苗断垄。一般在30～40厘米深的土中越冬，一年中活动最适的土温平均为13～18℃，高于23℃或低于10℃逐渐向土下转移。

3. 防治要点　参照“小地老虎”。

十一、短额负蝗

短额负蝗（*Atractomorpha sinensis* Bolivar）属直翅目蝗科，别名尖头蚱蜢、中华负蝗，是草莓常见的害虫之一。食性杂，全国各地均有分布，主要危害草莓及蔬菜等作物。

1. 形态特征

成虫：虫体长20～30毫米，体草绿色，秋季多变为红褐色。头呈长锥形，尖端着生一对触角，粗短，剑状。绿色型自复眼后下方沿前胸背板侧面的底缘有略呈淡红色的纵条纹，体表有浅黄色瘤状颗粒，前翅狭长，超过后足腿节顶端部分的长度为全翅长的1/3，顶端较尖。后翅短于前翅，基部玫瑰红。

卵：长椭圆形，黄褐色或深黄色，弯曲，较粗钝，卵粒倾斜排列成3～5行。

若虫：共有5龄，体草绿色或略带黄色，与成虫相似。

2. 发生特点　浙江及长江流域地区一年发生1代，以卵在

短额负蝗成虫

短额负蝗若虫

沟边土下越冬。常年在5月中旬至6月中旬开始孵化，7 ~ 8月羽化为成虫，10月以后产卵越冬。

成、若虫日出活动，喜栖于植被多、湿度大、枝叶茂密或沟灌渠两侧，成虫寿命在30天以上，每雌虫产卵达150 ~ 350粒。初孵幼虫取食幼嫩杂草，3龄后扩散到草莓或蔬菜及其他植物上危害。干旱年份发生严重。

若虫在叶下面剥食叶肉，低龄时留下表皮，高龄若虫和成虫将叶片咬成缺刻或洞孔，影响植株生长。

3. 防治要点

（1）发生严重的地区，应在冬前浅铲园地及周围沟渠和田埂，消灭土下产卵块。

（2）人工捕捉或放鸡啄食，保护青蛙、蟾蜍等短额负蝗的捕食性天敌。

（3）药剂防治。在成、若虫盛发期，选用5%氟虫脲乳油2 000 ~ 2 500倍液，或24%氰氟虫腙悬浮剂800 ~ 1 000倍液，或15%茚虫威悬浮剂3 500 ~ 4 000倍液，或3.4%甲维盐微乳剂2 500 ~ 3 000倍液，或15%高效氯氟氰菊酯微乳剂1 000 ~ 2 000倍液等，连同周围杂草一并喷雾防治。喷施时在上述药液中添加“有机硅农用助剂——杰效利”3 000倍液等，则防效更佳。

十二、大青叶蝉

大青叶蝉［*Tettigella viridis* Linnaeus，异名为*Cicadella viridis* (Linnaeus)］属同翅目叶蝉科，别名大绿浮尘子、尿皮虎，在全国

各地均有发生。食性杂，除危害草莓外，还危害梨、苹果、桃等果树。成虫和若虫刺吸草莓叶、叶柄、花序的汁液，一般造成轻度损失。

1. 形态特征

成虫：体长8毫米左右，青绿色，头部黄色，单眼间有2个黑色小点。前胸前缘黄色，其他部分深绿色。前翅表面绿色，前缘淡白，端部透明，后翅及背部黑色。

大青叶蝉成虫

卵：长约1.6毫米，宽0.4毫米，长卵圆形，光滑，乳白色，上细下粗，中间弯曲，常6～13粒排成新月形。

若虫：初龄若虫体黄白色，3龄后转黄绿色，体背有3条灰色纵体线，胸腹有4条纵纹，末龄若虫呈黑褐色，翅芽明显，似成虫。

2. 发生特点　大青叶蝉一年发生4～6代，以卵在树干、枝条皮下越冬。翌春树液流动展叶时，卵开始孵化，若虫在多种植物上群集危害，5～6月出现第一代成虫，7～8月第二代成虫出现。第一、二代成虫多在草莓和禾本科作物上产卵，第三代以后成虫迁移到林木果树及蔬菜上危害，成、若虫行动敏捷、活泼，常横向爬行，善跳跃、飞行，有较强的趋光性。

3. 防治要点

（1）在产卵越冬前，用石灰液刷白草莓园周围的果树或林木的树干，防止成虫产卵和铲除越冬虫卵。

（2）其他防治措施参照“短额负蝗”。

十三、点蜂缘蝽

点蜂缘蝽（*Riptortus pedestris* Fabricius）属半翅目缘蝽科，国内大部分地区均有分布。其食性杂，除危害草莓外，还危害果树和多种农作物。以口针刺吸草莓叶、叶柄及蕾、花汁液，造成死蕾、死花和畸形果。

1. 形态特征

成虫：体长15 ～ 17毫米，宽3.6 ～ 4.5毫米，全体黄棕至黑褐色。头三角形，触角第一节长于第二节，第四节长于第二、三节之和。前胸背板两侧呈棘状并具有许多不规则的黑色颗粒，头胸部两侧有黄色光滑的斑纹或消失。腹部、前部缢狭，腹部侧接缘黑黄相间，腹下散生许多不规则小黑点。臭腺沟长，向前弯曲，几乎达到后胸侧板的前缘。后足腿节基部内侧有1个明显的突起，腿节腹面具1列黑刺，胫节稍弯曲，其腹面顶端具1齿，雄虫后足腿节粗大。

卵：半卵圆形，上面平坦部的中间有1条不太明显的横形带脊，附着面弧状。初产时暗蓝色，渐变黑褐色，近孵化时黑褐色，微偏紫红。

若虫：1 ～ 4龄若虫，体似蚂蚁，腹部膨大，全身密生白色绒

点蜂缘蝽成虫

点蜂缘蝽若虫

毛。1龄若虫紫褐色或褐色，头大圆鼓，触角长于体长。2龄若虫头在眼前部分呈三角形，眼后部分变窄。复眼紫色稍突出。3龄若虫复眼突出，黑褐色，触角与体长相等，后胸后缘中央有1枚紫红色直立刺，前翅芽初露。4龄若虫体灰褐色，触角短于体长，胸部长度明显短于腹部，前翅芽达后胸后缘。5龄若虫除翅较短外，其他外形同成虫。

2. 发生特点　点蜂缘蝽年发生代数因地而异，浙江及长江中下游地区常年发生3代，以成虫在露地栽培的草莓株丛、草丛及落叶中越冬。翌年3月下旬开始活动，雌虫每次产卵7 ~ 21粒，一生可产卵21 ~ 49粒，卵产于叶背。成、若虫均极活跃，疾行善飞，喜食豆类，其次是棉、麻、丝瓜、草莓和稻、麦等植物。成虫须吸食植物花等生殖器官后，方能正常发育及繁殖。

3. 防治要点

（1）在秋冬或早春彻底清洁草莓田园，减少越冬虫源。

（2）药剂防治。参照“短额负蝗”。

十四、麻 皮 蝽

麻皮蝽［*Erthesina fullo*（Thunberg）］属半翅目蝽科，别名麻椿象、臭屁虫，全国各地均有分布。其食性杂，除危害草莓外，还危害多种果树。成、若虫刺吸叶、果实和嫩梢汁液，造成新梢先端凋萎或枯死。

麻皮蝽成虫

1. 形态特征

成虫：体长18 ~ 24毫米，宽8 ~ 11毫米，体背密布黑色点刻，棕褐色或黑褐色，头两侧有黄白色的脊边，复眼黑色，触角5节，黑色，丝状。前胸背板前侧缘略呈锯齿状，腹部腹面中央有凹下的纵沟。

卵：近鼓形，顶端具盖，周缘有齿，灰白色，数粒或数十粒黏在一起，排列整齐。

若虫：初孵时近圆形，白色，有红色花纹，常头向内群集在卵块周围，2龄后分散危害，老熟若虫似成虫。体红褐色或黑褐色，长6毫米，头端至小盾片具有1条黄色或微现黄红色细中纵线。触角4节，黑色。足黑色。腹部背面中央具纵裂暗色大斑3个，每个斑上有横排淡红色臭腺孔2个。

2.发生特点 一年发生1代，以成虫于草丛或树洞、树皮裂缝中越冬，翌年草莓或果树发芽后开始活动，5～7月交配产卵，卵多产于叶背，卵期10～15天。成虫飞翔能力强，喜在草莓或树体上活动，有假死性，受惊时分泌臭液。

3.防治要点

（1）秋冬清除田间和周围杂草，集中销毁，消灭越冬卵块；在若虫危害期或成虫产卵前清晨进行人工捕杀。

（2）药剂防治。参照“短额负蝗”。

十五、茶 翅 蝽

茶翅蝽（*Halyomorpha picus* Fabricius）属半翅目蝽科，别名臭木蝽、茶色蝽。其食性杂，主要危害草莓，还危害多种果树，全国各地均有分布。成、若虫以刺吸嫩茎、叶片及果实汁液，导致刺吸点以上叶脉及组织变黑，叶肉组织颜色变暗萎缩、枯死。被刺吸过的草莓浆果易形成畸形果。

1.形态特征

成虫：体长15毫米左右，扁椭圆形，体色随虫体大小变化，淡黄褐色至茶褐色，略带红色，有黑色或金绿色刻点。触角黄褐色。翅烟褐色，基部色深，淡黑褐色。爪和喙末端黑色。

卵：圆筒形，初为灰白色，孵化前黑色，直径约0.7毫米。

茶翅蝽成虫

若虫：共5龄，初孵若虫体长1.5毫米左右，近圆形，随着虫龄增加，虫体增大，2龄体长约5毫米，5龄体长约12毫米。头黑色，体淡黄色，腹部淡橙黄色，各腹节两侧间各有1长方形黑斑，共8对，翅芽长达第三腹节后缘，腹部茶褐色，老熟若虫似成虫，无翅。

2. 发生特点 一年发生1代，以成虫在树洞、土缝、石缝、草堆及屋角等处越冬。翌年惊蛰后开始活动，卵多产于叶背，块状，每块20 ~ 30粒，卵期10 ~ 15天，6月上旬至7月初为卵孵化盛期，8月中旬后为成虫危害盛期，10月中旬以后成虫陆续越冬。成虫和若虫受惊时分泌臭液，并逃逸。

3. 防治要点

（1）利用成虫在树洞、土缝、石缝、草堆及屋角等处越冬的习性，进行人工捕杀或熏蒸灭虫。

（2）药剂防治。参照“短额负蝗”。

十六、蜗　　牛

蜗牛属软体动物门腹足纲柄眼目蜗牛科，别名蜒蚰螺、水牛。种类很多，在浙江及长江以南地区以同型巴蜗牛（*Bradybaena similaris* Ferussac）和灰巴蜗牛（*Bradybaena ravida* Benson）为优势种。食性极杂，寄主多，除危害草莓外，还危害其他果树、蔬菜等作物。

1. 形态特征

成虫：同型巴蜗牛体长30 ~ 36毫米，壳质坚厚，呈扁球形，有5 ~ 6个螺层，螺层周缘或缝合线上常有一暗色带，壳顶钝。缝合线深，壳面呈黄褐色或红褐色，有稠密而细微的生长线，壳口呈马蹄形，口缘锋利。头部有长、短两对触角，眼在后触角顶端。足在身体腹部，适宜爬行。灰巴蜗牛成虫形态与同型巴蜗牛相似，主要区别是灰巴蜗牛成虫蜗壳圆球形，较宽大，壳顶尖，壳高19毫米，宽21毫米；壳口呈椭圆形。

灰巴蜗牛

幼虫：形态和颜色与成虫相似，体形较小，贝壳螺层多在4层以下。

卵：圆球形，直径约1.5毫米，初产时乳白色，有光泽，卵孵化前为灰黄色。

灰巴蜗牛幼虫及卵与同型巴蜗牛相似。

2. 发生特点　同型巴蜗牛常与灰巴蜗牛混合发生，一年发生1代，11月中下旬以成虫或幼虫在田间的作物根部、草丛、田埂、石缝和残枝落叶以及宅前屋后的潮湿阴暗处越冬。设施内2月中下旬、露地3月上中旬开始活动。

蜗牛夜出活动，白天潜伏在落叶、土块中，避日光照射。成虫寿命5 ~ 10月，完成一个世代需1 ~ 1.5年，成虫大多数在4 ~ 5月交配产卵，也有在8 ~ 9月交配产卵，卵产在植株根部附近2 ~ 4厘米深的疏松潮湿土中，或枯叶砖石块下，每成虫产卵50 ~ 100粒。初孵幼虫只取食叶肉，留下表皮，爬行时留下移动线路的黏液痕迹。

成、幼虫喜栖息在植株茂密、低洼潮湿处，温暖多湿天气及田间潮湿地块受害重；遇有高温干燥条件，蜗牛常把壳口封住，潜伏在潮湿的土缝中或茎叶下，待条件适宜时，如降雨或灌溉后，在傍晚或清晨取食，遇有阴雨天多数整天栖息在植株上，除喜欢危害草莓叶片外，还危害近成熟果实。

3. 防治要点

（1）清除园地周围的杂草、砖石块，开沟排水，及时中耕和换茬，破坏蜗牛的栖息和产卵场所。

（2）根据蜗牛的取食习性，在田间堆集菜叶等喜食的诱饵，于清晨人工捕杀蜗牛。

（3）在沟渠边、苗床周围和垄间撒石灰封锁带，每公顷用生石灰70 ~ 120千克，保苗效果良好。

（4）药剂防治。每公顷可选用5%四聚乙醛颗粒剂4 ~ 5千克，或2%甲硫威毒饵6 ~ 7.5千克，条施或点施于根际土表。

十七、野 蛞 蝓

野蛞蝓［*Agriolimax agrestis*（Linnaeus）］属软体动物门腹足纲柄眼目蛞蝓科，别名鼻涕虫等。主要分布在我国中南部及长江流域地区，危害草莓、蔬菜或其他果树、花卉等多种植物。

1. 形态特征

成虫：长梭形，柔软，光滑而无外壳，体表暗黑色或暗灰色、黄白色或灰红色。有的有不明显暗带或斑点。爬行时体长可达30毫米以上，腹面具爬行足，爬过的地方留有白色具有光亮的黏液。触角2对，位于头前端，能伸缩，其中短的一对为

野蛞蝓

前触角，有感觉作用，长的一对为后触角，端部有眼。生殖孔在右侧前触角基部后方约3毫米处。呼吸孔在体右侧前方，其上有细小的色线环绕。口腔内有角质齿舌，体背前具外套膜，为体长的1/3，边缘卷起，其内有退化的贝壳（即盾板），上有明显同心圆线，即生长线。同心圆线中心在外套膜后端偏右。

若虫：初孵幼虫体长2 ~ 3毫米，淡褐色，似成虫。

卵：椭圆形，韧而富有弹性，直径约2.5毫米，白色透明，近孵化时色变深。

2. 发生特点 野蛞蝓以成体或幼体在作物根部湿土下越冬。5 ~ 7月在田间大量危害，入夏气温升高，活动减弱，秋季气温凉爽后又活动危害。完成一个世代约250天，5 ~ 7月产卵，卵期16 ~ 17天，从孵化到成虫性成熟约55天，成虫产卵期可长达160天。野蛞蝓雌雄同体，异体受精，亦可同体受精繁殖。卵产于湿度大、隐蔽的土缝中，每隔1 ~ 2天产1次，1 ~ 32粒。每处产卵10粒左右，平均产卵量为400余粒。野蛞蝓怕光，强日照下2 ~ 3小时即死亡，喜在黄昏后或阴天外出寻食，晚上10 ~ 11时达高峰，清晨之前又陆续潜入土中或隐蔽处，耐饥力强。阴暗潮湿的环境易于大发生，当气温11.5 ~ 18.5℃、土壤含水量为70% ~ 80%时对其生长发育最为有利。

3. 防治要点 参照“蜗牛”。

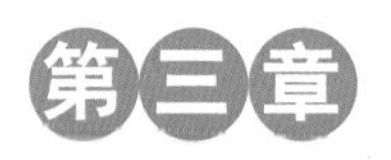

病虫害综合防治

草莓病虫害综合防治的策略是：以选用抗病品种和脱毒无病种苗、实行轮作或土壤处理为基础，草莓生长期综合采取农业、物理、生物和生态防治措施，确实必要时合理使用农药。

一、选用抗病品种

草莓品种的选择应把对当地主要病害的抗性作为一个重要依据，部分国内外草莓品种对主要病害的抗性见表3-1。总体来说，欧美品种抗病性比较强，日系品种则相对感病。

表3-1　部分草莓品种对主要病害的抗性

草莓品种	原产地	白粉病	灰霉病	炭疽病	黄萎病	枯萎病	蛇眼病	轮斑病
甜查理（Sweet Charlie）	美国	R	R	R	R	S		
卡姆罗莎（Camarosa）	美国	R	R			I		
Albritton	美国	R		S			R	R
全明星（All Star）	美国	R		S		S	S	S
阿波罗（Apollo）	美国	R		R-I			R	R
阿尔比	美国	R		I				
Atlas	美国	R		S			R	R
Chandler	美国	R		S			S	S

（续）

草莓品种	原产地	白粉病	灰霉病	炭疽病	黄萎病	枯萎病	蛇眼病	轮斑病
Darrow	美国	R-I		S			I	S
道格拉斯（Douglas）	美国	R		S			S	S
Earlibelle	美国	R		R-I			R	R
早明亮（Earlibrite）	美国	R	R					
早红光（Earliglow）	美国	R		S			R	S
Marlate	美国	R					R	R
Midway	美国	R					S	S
Pajaro	美国	R		S			S	S
Prelude	美国	R		S			R	R
Redchief	美国	R		S			S	S
罗赞（Rosanne）	美国	R		R			R	R
斯科特（Scott）	美国	R		S			S	S
赛娃	美国	R				I		
Sentinel	美国	R		S			R	R
萨姆纳（Sumner）	美国	R		S			R	R
Sunrise（MD）	美国	R		S			S	S
Surecrop（MD）	美国	R		S			R	S
Tenn Beauty（TN）	美国	R		S			R	R
提坦（Titan）	美国	S		R			R	R
丰香	日本	S		I	S	I	S	
枥木少女	日本	R-I			S	S	S	
金三姬	日本	R-I						
北辉（北の輝）	日本	R-I						

（续）

草莓品种	原产地	白粉病	灰霉病	炭疽病	黄萎病	枯萎病	蛇眼病	轮斑病
佐贺焰火	日本	I						
枥乙女	日本	I		S				
章姬	日本	S	I-S	S	I-S		S	
幸香	日本	I-S		S				
佐贺清香	日本	I-S	I	I	I-S			
红颜	日本	I-S	S	S	I-S			
宝交早生	日本	I	I				S	
明宝	日本	I		R	S		S	
鬼怒甘	日本	I-S					R	
帕罗斯（Paros）	意大利			S				R
昂达（Onda）	意大利	S		R	R	R		R
帕蒂（Patty）	意大利	R			R	R		
宏大（Granda）	意大利	S		R				R
Sel.94.568.2	意大利	R		R				R
达赛莱克特	法国	R				I		
吐德拉（Tudla）	西班牙	R	R	R		R		
森加森加拉（Senga Sengana）	德国	R	R	R		I		R
红玫瑰	荷兰					I		
戈蕾拉	比利时					S		
红手套	英国					S		
瓦达	以色列		R					
石莓1号	中国					R		
石莓4号	中国	I-S	I-R					
越心	中国	S	I	I				

注：S=感病；I=中等；R=抗病。

二、农业防治措施

(1) 使用脱毒无病种苗。选用的草莓种苗除要求是脱毒苗外，还要注意检查不能带有枯萎病、黄萎病、青枯病、炭疽病等各种土传性病害。

(2) 实行水旱轮作或土壤处理，减少土传病害的发生。

(3) 采用地膜覆盖和膜下微滴灌技术，保持草莓地上部环境的清洁和较低的湿度，创造不利于草莓病虫害发生的环境条件。

(4) 草莓生长期发现病株、病叶和病果，及时清除并烧毁或深埋，以减少侵染源。

(5) 收获后深耕，借助自然条件，如低温、太阳紫外线等，杀死一部分土传病菌；深耕后利用太阳暴晒进行土壤消毒。

三、物理防治措施

1. 黄板杀虫 黄板杀虫技术是利用昆虫的趋黄性诱杀农业害虫的一种物理防治技术，可诱杀蚜虫、粉虱、斑潜蝇等小型害虫，具有绿色环保、成本低的特点。黄板可从市场上购买，也可自行制作。制作方法：将木板、塑料板或硬纸箱板等材料涂成黄色后，再涂一层黄油或机油即可。使用时将黄板悬挂在温室或大棚的风口、走道和行间，高度比植株稍高，太高或太低效果均较差。为保证黄板的黏着性，需

用黄板诱杀害虫

1周左右重新涂一次，或当板上粘满害虫时再涂一层油。在生产上用于害虫防治，一般可每隔5 ～ 6米悬挂一块黄板。黄板的另一个主要用途是监测害虫的发生动态。

但黄板使用不当也可能造成寄生蜂等天敌种群的误伤，使用时应避开寄生蜂的成蜂活动高峰期。

2. 防虫驱虫　防虫网的原理是人工构建隔离屏障，将害虫拒之网外，达到防止害虫进入棚室内危害草莓的目的。在棚室栽培草莓已经覆盖薄膜时，可只在棚室放风口处设置防虫网。防虫网通常采用添加了防老化、抗紫外线等化学助剂的优质聚乙烯（PE）为原料，经拉丝织造而成，形似窗纱。具有抗拉强度大、抗热、耐水、耐腐蚀、无毒无味的特点。

防虫网使用较为简便，但应注意以下几点：①防虫网必须全期覆盖，网的四周用砖或土压严实，不给害虫入侵机会，才能达到满意的防虫效果。一般风力小的情况下可不用压网线，但如遇5 ～ 6级以上大风，则需拉上压网线，以防止大风将网掀开。②选择适宜的规格。防虫网的规格主要包括幅宽、孔径、颜色等内容，尤其是孔径必须适宜。一般认为防虫网以22 ～ 24目为宜，目数过少，网眼大，起不到应有的防虫效果；目数过多，网眼小，虽防虫，但会增加成本。③妥善使用和保管。防虫网田间使用结束后，应及时收下，洗净、晒干、卷好，以延长使用寿命。

另外，在棚室放风口处挂银灰色地膜条可驱避蚜虫。

3. 灯光诱杀　灯光诱杀害虫是利用害虫的趋光性诱杀害虫的一种方法，其优点：一是操作简便，省工省成本，并能有效地杀死害虫；二是不影响环境，对人畜安全；三是诱捕到的害虫没有受农药污染，含有高蛋白质和鱼类生长发育所必需的微量元素，可作为养殖鱼类的优质天然饲料。但灯光诱杀也可能误伤具有趋光性的天敌种群，使用时可根据当地主要害虫和天敌种群的活动高峰期的差异，选择适当的开灯时间，来避免产生不利的影响。

近年来使用较多的是频振式杀虫灯，适宜在连片面积较大的地方使用，控制面积可达2 ～ 4公顷，可有效降低害虫落卵量。它的工作原理是利用害虫较强的趋光、波、色、味的特性，将光波设在特定的范围内，近距离用光，远距离用波，加以色和味，引诱成虫扑灯，灯上配有高压电网或频振高压电网触杀害虫。据调查，该灯可很好地诱杀近100个科、1 000多种害虫，包括危害草莓的蝶蛾类害虫和粉虱类害虫等。杀虫灯的使用方法：在草莓种植区内，将诱虫灯直接安装吊挂在生态养鱼池（鱼塘）上方的牢固物体上，拉电线接通电源，在夜间开灯诱杀害虫，使害虫直接落入水中喂鱼。如将杀虫灯安装在其他位置，可在灯的下方挂接虫袋。

此外，也可根据实际情况，选择安装使用价格更为低廉的白炽灯、高压汞灯、黑光灯等进行诱杀害虫。

四、生物防治措施

国内目前在草莓病虫害生物防治方面已经实用化的技术有以下几种。

1. 利用枯草芽孢杆菌防治草莓白粉病和灰霉病 枯草芽孢杆菌（*Bacillus* spp.）对草莓的白粉病和灰霉病均具有良好的控制效果，并已有成熟的枯草芽孢杆菌产业化生产技术。目前在我国已经获得生物农药登记，用于草莓白粉病和灰霉病防治的枯草芽孢杆菌制剂有湖北省武汉天惠生物工程有限公司和台湾百泰生物科技股份有限公司的枯草芽孢杆菌可湿性粉剂。莓农可从市场上购得该制剂后，像普通农药一样配成稀释液喷雾即可。使用时最好选择在发病初期或发病前夕喷雾，并使菌液均匀喷至植株的各部位。

2. 利用木霉菌防治草莓炭疽病和灰霉病 木霉菌（*Trichoderma* spp.）对草莓炭疽病和灰霉病有良好的防治效果。以色列Makhteshim Agan Chemical Works公司已将哈茨木霉菌（*T. harzianum*）开发为一种真菌生防制剂（通过发酵培养后加工制成25%可湿性粉剂，商品名为Trichodex），并在以色列以及欧洲和北美洲的20多个国家注册使用。

3. 利用苏云金杆菌防治斜纹夜蛾等蝶蛾类害虫 目前已发现苏云金杆菌（*Bacillus thuringiensis*）有50多个变种，是微生物农药应用最为广泛的一类。国内已有12家企业工厂化生产苏云金杆菌制剂，并获得了生物农药登记，在市场上容易买到。苏云金杆菌制剂对草莓上的斜纹夜蛾等蝶蛾类害虫具有良好防效，且使用方便，可采用常规的稀释液喷雾的方法。但使用时应注意：①苏云金杆菌杀虫的速效性较差，使用适期应较化学农药提早2～3天，一般应在害虫的卵孵化初盛期施药，并在6～7天后再喷一次；②不能与内吸性有机磷农药或杀菌剂混合使用；③苏云金杆菌对家蚕毒力很强，在养蚕地区使用时要特别注意防止家蚕中毒；④苏云金杆菌制剂应存放于干燥阴凉的仓库内，防止因暴晒和受湿而变质。

4. 利用丽蚜小蜂防治粉虱 丽蚜小蜂（*Encarsia formosa*）属于蚜小蜂科恩蚜小蜂属，是多种粉虱害虫的重要天敌，在草莓生产上可用于防治烟粉虱和温室白粉虱。该蜂营孤雌生殖，雌蜂体长约0.6毫米，宽0.3毫米。头部深褐色，胸部黑色，腹部黄色，并有光泽。其末端有延伸较长的产卵器，足为棕黄色。翅无色透明，翅展1.5毫米。触角8节，长0.5毫米，淡褐色。雄蜂较少见，其腹部为棕色，很易区分。在适宜的条件下较为活泼，扩散半径可达数百米。吸引此蜂去搜索寄主的物质主要是粉虱分泌的蜜露，成蜂取食蜜露后可存活28天左右。如无营养补充，成虫自然条件下只能存活1周左右，在温室中也只能存活10～15天。产卵的雌蜂以触觉探查粉虱若虫，然后将产卵器刺入，试探粉虱体内是否有丽蚜小蜂产的卵，尚未产卵的，就在其中产一粒卵。在通常情况下，很难发现重寄生的现象。但有时也偶然可见到一头粉虱若虫中有几头小蜂的现象。在成蜂产卵后，从粉虱若虫体壳上的产卵孔（成蜂产卵后在体壳上形成的洞）中可分泌出一种黄色的分泌物，并在几小时后变为黑色或深棕色、质地硬化的球状物。粉虱若虫不活动的虫态均可被寄生，但成蜂喜好选择3龄若虫期和4龄蛹前期产卵。寄生后粉虱若虫仍可发育，到4龄中期才停止。

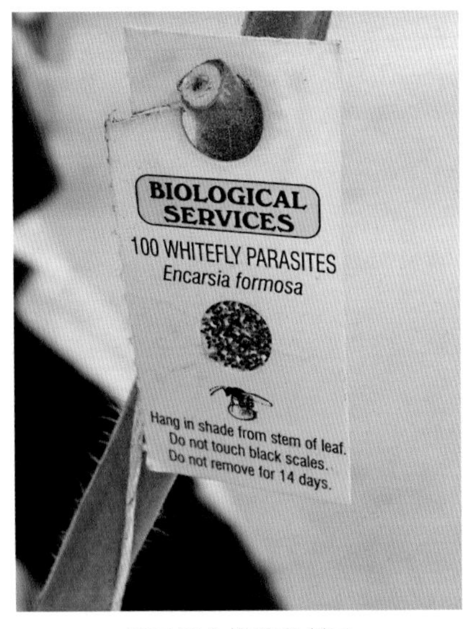

用丽蚜小蜂防治粉虱

使用方法：丽蚜小蜂在我国已经大规模生产（如田益生防有限公司），并制成蜂卡销售。用黄板等监测草莓园中的粉虱，在粉虱发生初期及时释放丽蚜小蜂。释放时只需将蜂卡悬挂在草莓植株的顶部即可。丽蚜小蜂的飞行能力比较弱，需要在大棚中均匀地悬挂蜂卡。一般每公顷每次使用2万～3万头，隔7～10天释放1次，连续释放5～6次。如果温室的防虫网能够完全挡住外面的粉虱进入，此时可以停止放蜂。

注意事项：①在释放丽蚜小蜂前3周及释放以后不施用杀虫剂。②注意大棚保温，夜间温度最好保持在15℃以上。

5. 利用捕食螨防治螨类害虫　草莓上的螨类害虫主要有朱砂叶螨（*Tetranychus cinnabarinus*）、二斑叶螨（*T. urticae*）、茶黄螨（*Polyphagotarsonemus latus*）、截形叶螨（*T. truncatus*）等。防治这些草莓害螨有多种的捕食螨可利用，其中国内已可大规模繁殖的有胡瓜钝绥螨（*Amblyseius cucumeris*）和智利小植绥螨（*Phytoseiulus persimilis*）等。

捕食螨的生活史经过卵、幼螨、第一若螨、第二若螨而成为成螨，在蜕皮前无明显的静止期。幼螨不取食，若螨以后各期进行捕食活动。

智利小植绥螨雌螨体长约350微米，橙色。背板侧缘有网状构造，后部内方区域有不规则的皱纹。背板刚毛14对，胸毛3对，肛前毛缺。腹肛板卵形，生殖板狭窄。受精囊颈部内方部分环状，中央部分细管状，外方部分纺锤状。在第四对足的3根巨毛中，胫节上的巨毛不明显。雄螨体长约300微米，腹肛板有肛前毛3对。此螨为狭食性，以叶螨为食，其中最喜捕食二斑叶螨。

胡瓜钝绥螨的食性相对较广，除捕食害螨外，还可捕食蓟马等害虫。捕食量也较大，一天能捕食叶螨6～10头，一生的捕食量可达300～500头。该捕食螨对猎物的喜好顺序为：卵＞幼螨＞成螨，因此在释放胡瓜钝绥螨后的1个月内，成螨的数量仍会保持在较高的水平，但持续控制效果较好。

释放捕食螨

捕食螨的释放及其注意事项：①释放捕食螨前，确认前期用过的杀虫杀螨剂对捕食螨已经没有残毒；②应在害螨虫口显著上升的始期、密度尚较低时释放；③捕食螨的释放量：平均每株草莓2～4头；④释放方法：若是袋装捕食螨，在离纸袋一端2～3厘米处撕开深2～3厘米的口子，挂于草莓植株上，或将带有捕食螨的叶片撒放在草莓植株上；⑤释放捕食螨后不能使用杀虫杀螨剂。

6. 用昆虫性信息素防治斜纹夜蛾和小地老虎　昆虫性信息素，又称为性外激素，是由同种昆虫的雌性个体的特殊分泌器官分泌于体外（少数昆虫种类由雄性个体合成与释放），且能被同种异性个体的感受器所接受，并引起异性个体产生一定的行为反应或生理效应（觅偶、定向求偶、交配等）的微量化学物质。昆虫性引诱剂是指人工合成的昆虫性信息素或类似物，简称性诱剂。利用性诱剂干扰昆虫交尾（迷向法）或群体诱杀（大量诱捕

法），从而达到控制害虫的目的。性诱剂迷向法防治害虫的原理是在田间设置大量性诱剂，使性信息素弥漫在周围空气中，甚至达到过饱和状态，使得雄性成虫在长期的性刺激下，过度兴奋后疲劳和迷惑，从而无法准确判断雌蛾的方位与远近，干扰它们正常的交配活动，进而达到减少交配次数，降低雌蛾的有效生殖能力，减少子代幼虫发生量。而大量诱捕法的原理则是采用恰当的排列方式在田间设置诱捕器（其内放置性诱剂），模拟性成熟的雌性成虫，引诱雄性成虫进入诱捕器，并将其捕杀，通过调节田间害虫种群性别结构，使得雌性成虫无法实现充分交配，降低雌蛾的有效生殖能力，减少子代幼虫发生量。性诱剂具有种群专一性，在有效防治特定害虫的同时，不影响其他有益昆虫的活动，同时还具有方便、环保、安全、经济、省工等诸多优点。

针对草莓上的斜纹夜蛾和小地老虎等害虫，目前市场上已有专门的性诱剂和性诱捕器供应。诱捕器也可自行制作，取口径8厘米左右的透明塑料瓶作为诱集瓶，瓶内灌肥皂水至离瓶口2厘米左右，将诱集瓶固定在木棒上后，分别安置于草莓生产园或苗圃内，用细铅丝将含有性诱剂的诱芯1～3粒固定在瓶口上方1厘米左右的中心处，并加必要的诱芯防护设施。

用性诱剂诱杀斜纹夜蛾等害虫

用性诱剂防治斜纹夜蛾和小地老虎要注意：①诱捕器悬挂高度以1～3米为宜，大棚基地可挂在棚梁下，或用杆挑高，悬挂高度过低则影响诱虫效果；②适时清理诱捕器下面诱集瓶中的死虫，最好每天一换，一般不超过2天，收集到的死虫不随便倒在田间，可作饲料；③夜挂昼收可以大大延长诱芯的使用寿命，每天换瓶时可把诱捕器收起放于阴凉处，以延长使用期；④一般在使用4～6周后需要及时更换诱芯，诱芯在使用一段时间诱虫效果降低后也可二并一继续使用，以提高诱虫效果；⑤放置性诱捕器的时间应从成虫始发期开始，至成虫终现期为止，如在浙江，斜纹夜蛾一般为7～10月；⑥由于性信息素的高度敏感性，安装不同种害虫的诱芯前需要洗手，以免交叉污染。

五、生态防治措施

针对白粉病菌和灰霉病菌耐低温、不抗高温的生理特性，在气温较高的春季，运用大棚封膜增温杀菌，是防治白粉病和灰霉病的一项有效的生态防治技术措施。但闷棚杀菌温度应严格掌握，若温度不够，则达不到杀菌效果，若温度过高控温不当，则会导致草莓烧苗而造成损失。据有关试验报道，比较安全有效的温度控制方案是每天使棚室内温度提升到35℃左右保持2小时，连续进行3天，在每次高温闷棚后，还需保证一定的通风降温正常管理的间隔时间，促使草莓恢复生长。注意超过38℃以上的温度虽对病菌杀灭效果好，但对草莓不安全，40℃以上会造成草莓烧苗。由于草莓生长期高温杀菌是一项具有风险性的技术措施，目前尚无准确而规范性的技术标准，还需要有更多的研究，使该项技术在大棚草莓上得到有效而安全的推广应用。

另外，在棚室栽培草莓的开花和果实生长期，加大棚室的放风量，将棚内湿度降至50%以下，对抑制灰霉病等多种草莓病害的发生有显著效果。

第四章 连作障碍控制

草莓多年在同一块土地上种植，很容易发生连作障碍，且随着连作次数的增加而越来越突出。草莓连作障碍的主要表现有：①黄萎病、枯萎病、炭疽病、青枯病、灰霉病、芽枯病、蛇眼病、根结线虫病等土传病害和小地老虎、蝼蛄、蛴螬、野蛞蝓等土居害虫发生严重，并逐渐达到难以控制的程度；②草莓植株生长发育不良，异常花、畸形果、软质果、果实着色不良等生理性病变越来越严重；③草莓产量和质量严重下降。

造成草莓连作障碍的原因主要有：①多种重要的草莓病虫害都是土传或土居类型，连作会使这些病原菌和害虫在土壤中累积，造成这类病虫害的严重发生；②由于草莓对土壤中营养物质的选择性吸收，以化肥为主的施肥模式难以全面补充土壤养分损失，多年连作后往往造成土壤中某些养分的亏缺；③草莓的根系分泌物具有自毒作用，根系分泌物在土壤中积累后引起草莓根系TIC还原活性下降、相对电导率增大、SOD酶活性降低、MDA生成量增多、根系生长受到抑制、生物量显著下降；④我国草莓生产以设施促成栽培为主，长期的设施条件也使土壤理化性质变劣；⑤环境污染造成我国酸雨发生率增加，加上以化肥为主的施肥模式，加重了土壤酸化。

实行有效的轮作可以很好地控制这类病虫害（特别是病害），但在一些草莓的集中产区，由于草莓生产的经济效益相对较高，轮作往往没有被采用。在这种情况下，土壤处理和改良是一个控制土传病害和土居害虫的有效选择。

一、轮　　作

控制草莓连作障碍最为简单有效的方法是实行轮作。轮作最好选择与水稻、茭白进行水旱轮作，其次是与绿肥及玉米、小麦、大麦等禾本科植物轮作，也可以与棉花、豆类和蔬菜等作物轮作，还可以与果树等多年生植物间作。最好在同一块田里能隔1 ~ 2年才种一季草莓。

草莓采收后的连栋温室轮作茭白

草莓采收后的大棚揭膜轮作水稻

草莓采收完毕后进行深耕，加施有机肥或锯末改良土壤，并种植田菁等绿肥作物或水稻、茭白、玉米、高粱等禾本科作物，在8月前后割青将秸秆翻入土中，对提高地力、改良土壤理化结构、控制连作障碍有明显效果。

草莓与水稻、茭白实行水旱轮作，由于土壤环境条件的显著变化，恶化了土壤中病原菌和害虫的生存环境，能有效地压低土传病原菌和土居害虫的数量。同时，通过水旱轮作、土壤干湿交替，促进了土壤中潜在养分的释放，利于团粒结构的形成，使土壤疏松透气，提高保水保肥能力。

二、土壤覆膜增温

适用于主要因土壤有害生物累积造成的连作障碍。

1.铺撒物料 在夏季高温时节，于上茬作物收获后对拟处理田块进行清理，将作物秸秆（如稻草、玉米秸、麦秸、豆秸等）、玉米芯、废菇料、绿肥（如田菁等）截短或粉碎成5厘米以下，以7.5～15吨/公顷的用料量均匀地铺撒在土壤表面；铺撒有机肥(如经无害化处理的鸡粪、鸭粪、猪粪、牛粪等) 15～30吨/公顷；再撒施尿素100～200千克/公顷；明显酸化的土壤宜加施生石灰750～1 500千克/公顷。

土壤处理覆膜前撒施有机物料

土壤处理覆膜前将秸秆和有机肥等物料翻入土中

2. 整地灌水　深翻25 ~ 40厘米，将撒施的秸秆和有机肥等物料翻入土中，与耕层土壤充分混合，耙细，并整成平畦。如土壤比较干燥，应适当灌水至土壤表面湿透。

土壤处理时给比较干燥的土壤浇水

3. 覆膜　用两层地膜贴地严密覆盖，下层用黑色地膜，上层用透明地膜；有棚架的土地上层也可改在棚架上严密覆盖棚膜。保持密闭不少于10 天，且累计至少有7 天最高气温35℃以上的晴热天气。

盛夏用两层地膜覆盖使土壤增温改良连作障碍土壤

4. 揭膜　在后茬作物计划定植前5 ~ 10天揭去地膜和棚膜，待地表干湿适宜后，即可整地作畦、播种或移栽。

三、灌水浸田处理

适用于主要因土壤次生盐渍化和有害生物累积造成的连作障碍。

需要处理的次生盐渍化田块，可利用换茬空隙灌水，并保持5 ~ 10厘米的水层5天以上，期间换水1 ~ 2次，然后排干水分，至土壤湿度适宜后翻耕整地备用。

另外，草莓收获结束后，如果不安排轮作，也可利用下一季草莓移栽前的空闲时间，在初夏翻耕后蓄水2 ~ 3个月，对各种土壤连作障碍也可起到一定的综合效果。

稻秆等有机肥施入土中，灌水腐熟

四、土壤消毒处理

适用于主要因土壤有害生物累积造成的连作障碍。

选用对环境影响小的消毒剂，如过氧化物类和含氯类消毒剂等。常用消毒剂的使用剂量参见表4-1。

表4-1 作物连作障碍土壤处理主要消毒剂的使用量

药剂名称	每公顷有效成分用量*	每公顷制剂用量
二氧化氯	3.6～6千克	8%固态二氧化氯45～75 千克；或2%稳定性二氧化氯溶液180～300升
三氯异氰尿酸	17～25千克	85%可溶性粉剂20～30千克
二氯异氰尿酸钠	20～30千克	50%可溶性粉剂40～60千克
次氯酸钠	有效氯：12～18千克	含有效氯为10%的液剂 120～180升

注：* 采用局部处理方法可相应减少药剂用量。

待处理土壤先翻耕耙细整平，土壤含水量保持在田间持水量的60%～70%（可以手握能成团、落地即散来判定，下同）。保湿3～4天后，采用浇灌、滴灌或漫灌法施药，兑水量应保证药液能渗透湿润10～20厘米土层。处理后2～3天，即可整地播种或定植作物。消毒处理过程应特别注意以下几点：

（1）消毒剂易分解失效，应避免阳光直射，使用前宜确认其有效成分含量，即配即用。

（2）固态制剂使用前应先配制成母液，配制时先在塑料桶（不能用金属容器）中倒入相当于固态制剂重量10～20倍的水，再将固态制剂缓缓倒入水中（不可先放药后倒水），加盖或用塑料薄膜封口（防挥发），完全溶解后即为母液。

（3）勿与硫黄类消毒剂混用。

（4）有机肥和微生物肥料宜在消毒处理后使用。

（5）消毒剂具腐蚀性，接触人员应佩戴防护眼镜和耐酸碱手套等防护用品。

（6）严格执行产品说明书规定的其他注意事项。

五、土壤熏蒸处理

适用于主要因土壤有害生物累积造成的连作障碍。

1.熏蒸剂选用 长期以来，用溴甲烷处理土壤效果良好，因而被广泛采用。但溴甲烷因破坏臭氧层和对人畜剧毒而被列入《蒙特利尔议定书》的控制对象，包括我国在内的大多数国家均已禁用。

应从登记使用的土壤熏蒸剂类农药产品中选择安全高效的品种。氰氨化钙、棉隆、威百亩等常用土壤熏蒸剂的使用剂量和使用方法参见表4-2。

表4-2 作物连作障碍土壤处理用主要熏蒸剂的使用量和使用方法

熏蒸剂名称	每公顷有效成分用量*	每公顷制剂用量	使用方法
威百亩	21～31.5千克	35%水剂 60～90升	水剂可采用灌溉或注射施药法
棉隆	294～441千克	98%微粒剂 300～450千克	微粒剂可采用混土施药法
氰氨化钙 （石灰氮）	240～480千克	50%颗粒剂 480～960千克	颗粒剂可采用混土施药法，宜与覆膜增温结合

注：* 采用局部处理方法可相应减少药剂用量。

2.土壤准备 待处理土壤先施下秸秆和肥料等（种类、用量和使用方法可参见“土壤覆膜增温”部分），翻耕后耙细整平（混土施药法宜在施药后耙细整平），保持田间持水量60%～70%。

3.施药和密封 土壤保持湿润3～4天后，采用如下方法之一施药和密封：

（1）灌溉施药法。适用于制剂为水剂等能与水充分混合的熏蒸剂。将药剂兑水均匀浇入土中，然后用地膜严密覆盖土面；如有滴灌系统，则整地后先覆盖好地膜，然后通过滴灌系统将药液施到土壤中。兑水量以能渗透湿润10 ～ 20厘米土层为度。

（2）混土施药法。适用于制剂为微粒剂等固体型熏蒸剂。将熏蒸剂均匀散施到土里，然后耙细土壤，必要时浇水使土壤含水量达到田间持水量55%左右，并立即用地膜严密覆盖土面。

（3）注射施药法。适用于制剂为液体或气体的熏蒸剂。使用专用手动注射器或机动注射消毒机施药（注射孔间距30厘米左右），立即用土封好注射孔。施药后及时用地膜严密覆盖土面，并使土壤含水量保持在田间持水量55%左右。

撒施棉隆进行土壤熏蒸处理

4. 熏蒸和通气　在密封条件下熏蒸。达到要求的熏蒸时间后，先于傍晚揭开地膜的边角通气，并设立明显标志警示人员不要在通气口处长时间停留。第二天揭除全部地膜并松土通气。熏蒸和通气的时间因土壤温度而异，土温高需要的时间相对较短，反之则要适当延长，具体按表4-3控制。

土壤药剂处理后覆盖地膜密封熏蒸消毒

表4-3 熏蒸剂土壤处理密封熏蒸和通气时间与土壤温度的关系

土壤温度（℃）	密封熏蒸时间（天）	通气时间（天）
＞25	7～10	5～7
15～25	10～20	7～10
5～15	20～30	10～15

5. 注意事项

（1）施用地点不宜紧邻水体或禽畜养殖场。

（2）撒施时要佩戴口罩、帽子和橡胶手套，穿长裤、长袖衣服和胶鞋。

（3）使用应尽量均匀。

（4）未用完的药剂要密封，存放在通风、干燥的库房内，切勿与人畜同室。

（5）处理土壤封膜必须及时严密。

（6）严格执行产品说明书规定的其他注意事项。

（7）参照GB 12475和NY/T 1276，做好职业和环境危害的防护。

（8）熏蒸处理结束后，进行种子发芽试验，确认处理过的土壤对种子发芽无影响后进行播种或定植。

六、石灰处理

适用于主要因土壤酸化造成的连作障碍。

灌水使田间持水量达60%～70%，将石灰粉碎，撒于土壤表面，翻耕耙细，与土壤充分混合。石灰可选用石灰粉［主要成分为$Ca(OH)_2$］、石灰石粉（主要成分为$CaCO_3$）或生石灰（主要成分为CaO）；用量根据拟处理土壤的理化性质、处理前pH和目标pH，参考表4-4确定。石灰处理可与覆膜增温结合进行。

表4-4　石灰需要量参考值

土壤质地	处理前pH	目标pH	每公顷用量（千克）			间隔（年）
			石灰石粉	石灰粉	生石灰	
沙土及壤质沙土	4.5	5.5	600～900	450～675	375～525	1.5
	5.5	6.5	750～1 200	600～900	450～675	
沙质壤土	4.5	5.5	900～1 500	675～1 125	525～825	1.5～2
	5.5	6.5	1 200～1 950	900～1 500	675～1 125	
壤土	4.5	5.5	1 500～2 250	1 125～1 650	825～1 275	2.0～2.5
	5.5	6.5	1 950～3 000	1 500～2 250	1 125～1 650	
粉质壤土	4.5	5.5	2 250～3 000	1 650～2 250	1 275～1 650	2.5
	5.5	6.5	3 000～4 050	2 250～3 000	1 650～2 250	
黏土	4.5	5.5	3 000～4 500	2 250～3 300	1 650～2 550	2.5
	5.5	6.5	4 050～5 250	3 000～3 750	2 250～3 000	

七、微生物处理

适用于主要因土壤有害生物累积造成的连作障碍。

微生物制剂常用的有木霉菌、芽孢杆菌、EM菌等。可采用微生物制剂稀释液灌根或浇土法，使用剂量、具体方法和注意事项等见表4-5。可单独或在物理和化学类处理全部程序完成后配合使用，以重建土壤中的有益微生物群落。使用时应注意以下几点：

（1）不与物理和化学方法同时使用，但可在物理和化学处理全部程序完成后（包括化学处理后的通气过程）使用。

（2）配合使用有机肥效果更好。

（3）严格执行产品说明书规定的其他注意事项。

表4-5　作物连作障碍土壤中主要微生物制剂的使用量

微生物制剂名称	每公顷制剂用量
哈茨木霉菌	可湿性粉剂 45～60千克（3亿菌落形成单位/克）
蜡质芽孢杆菌	悬浮剂 67.5～90升（10亿菌落形成单位/毫升）
EM菌	22.5～30千克（500亿菌落形成单位/克）

农药合理使用

在某些情况下，使用农药对控制草莓病虫害、避免产量损失确实会起到非常重要的作用。但滥用农药不仅达不到理想的防治效果，反而会影响草莓的品质和产量，同时加速病虫草害产生抗药性，导致施药量、施药次数和防治成本的不断增加，还会造成农药污染草莓产品及其生产环境，影响消费者的健康和草莓及其加工品出口等严重后果。因此，为了做到合理使用农药，必须按照相应的技术指标，做到在必要的时候和最适的时间选用对口的农药品种和恰当的施药方法，控制施药量、施药次数和安全间隔期，既保证必要的病虫草害防治效果，又有效地控制农药对草莓产品和环境的污染。将这些指导农药合理使用的技术指标以一定的形式规范下来，就是农药合理使用规范，它是良好农业规范（GAP）的重要组成部分。

一、农药合理使用的法律基础

我国农药的合理使用已经有了明确的法律基础。2006年颁布的《中华人民共和国农产品质量安全法》第二十五条规定："农产品生产者应当按照法律、行政法规和国务院农业行政主管部门的规定，合理使用农业投入品，严格执行农业投入品使用安全间隔期或者休药期的规定，防止危及农产品质量安全。禁止在农产品生产过程中使用国家明令禁止使用的农业投入品。"

2017年国务院令第677号发布的新修订版《农药管理条例》第三十三条规定："农药使用者应当遵守国家有关农药安

全、合理使用制度，妥善保管农药，并在配药、用药过程中采取必要的防护措施，避免发生农药使用事故。”第三十四条规定：“农药使用者应当严格按照农药的标签标注的使用范围、使用方法和剂量、使用技术要求和注意事项使用农药，不得扩大使用范围、加大用药剂量或者改变使用方法。农药使用者不得使用禁用的农药。标签标注安全间隔期的农药，在农产品收获前应当按照安全间隔期的要求停止使用。剧毒、高毒农药不得用于防治卫生害虫，不得用于蔬菜、瓜果、茶叶、菌类、中草药材的生产，不得用于水生植物的病虫害防治。”第三十五条规定：“农药使用者应当保护环境，保护有益生物和珍稀物种，不得在饮用水水源保护区、河道内丢弃农药、农药包装物或者清洗施药器械。严禁在饮用水水源保护区内使用农药，严禁使用农药毒鱼、虾、鸟、兽等。”第三十六条规定：“农产品生产企业、食品和食用农产品仓储企业、专业化病虫害防治服务组织和从事农产品生产的农民专业合作社等应当建立农药使用记录，如实记录使用农药的时间、地点、对象以及农药名称、用量、生产企业等。农药使用记录应当保存2年以上。国家鼓励其他农药使用者建立农药使用记录。”第六十条规定：“农药使用者有下列行为之一的，由县级人民政府农业主管部门责令改正，农药使用者为农产品生产企业、食品和食用农产品仓储企业、专业化病虫害防治服务组织和从事农产品生产的农民专业合作社等单位的，处5万元以上10万元以下罚款，农药使用者为个人的，处1万元以下罚款；构成犯罪的，依法追究刑事责任：（一）不按照农药的标签标注的使用范围、使用方法和剂量、使用技术要求和注意事项、安全间隔期使用农药；（二）使用禁用的农药；（三）将剧毒、高毒农药用于防治卫生害虫，用于蔬菜、瓜果、茶叶、菌类、中草药材生产或者用于水生植物的病虫害防治；（四）在饮用水水源保护区内使用农药；（五）使用农药毒鱼、虾、鸟、兽等；（六）在饮用水水源保护区、河道内丢弃农药、农药包装物或者清洗施药器械。”

二、我国农药合理使用规范的主要形式

（一）标准

包括国家标准、农业行业标准和地方标准，如《农药合理使用准则》（GB/T 8321）、《农药安全使用标准》（GB 4285）、《绿色食品农药使用准则》（NY/T 393）、《草莓生产技术规范》（GB/Z 26575）、《有机产品第1部分：生产》（GB/T 19630.1）等。

（二）政府公告

主要包括国家和地方政府及其农业行政主管部门发布的一些农药禁用或限用的规定，也包括我国签署的相关国际公约等，其中农业农村部（含原农业部）截至2019年4月底已发布了17个涉及农药禁限用的公告，如2016年发布的2445号公告等。

（三）农药标签和登记公告

经农业农村部（含原农业部）审定的农药产品标签及农药登记公告中对农药使用所做的规定。

（四）生产技术要求和操作规程

2006年颁布的《中华人民共和国农产品质量安全法》第二十条规定："国务院农业行政主管部门和省、自治区、直辖市人民政府农业行政主管部门应当制定保障农产品质量安全的生产技术要求和操作规程。"在农业行政主管部门按照这一法律要求制定的相关生产技术要求和操作规程中将会包含很多农药合理使用规范的内容。

三、农药合理使用的基本原则

（一）严格遵守农药禁限用的规定

根据农业农村部（含原农业部）17个涉及农药禁限用的公告及联合国环境规划署主持下制定并由各国政府签署的《关于持久性有机污染物的斯德哥尔摩公约》的规定，我国目前共有禁用农药52种（表5-1），限制登记和使用的农药30种（表5-2）。

除全国性禁限用的农药外，有些地方政府还规定了在本地区禁限用的其他农药品种名单。另外，根据《农药管理条例》，所有农药都要按照登记的使用范围使用，不得超范围使用；按照《农药管理条例实施办法》，剧毒、高毒农药不得用于蔬菜、瓜果、茶叶、菌类、中草药材和水生植物及卫生害虫防治。

表5-1　我国禁用的农药清单

序号	农药名称	禁用依据
1	2,4-滴丁酯	农业部公告第2445号，自2016年9月7日起不再批准登记和续展，结合登记证5年有效期规定，应在2021年后禁止使用
2	艾氏剂	农业部公告第199号、斯德哥尔摩公约
3	胺苯磺隆	农业部公告第2032号
4	八氯二丙醚	农业部公告第747号
5	百草枯	农业部等3部委公告第1745号、农业部公告第2445号，不再登记和续展，可在国内使用的产品登记有效期在2018年9月前到期，现有的登记产品为专供出口
6	苯线磷	农业部公告第1586号
7	除草醚	农业部公告第199号
8	滴滴涕	农业部公告第199号、斯德哥尔摩公约
9	狄氏剂	农业部公告第199号、斯德哥尔摩公约

（续）

序号	农药名称	禁用依据
10	敌枯双	农业部公告第199号
11	地虫硫磷	农业部公告第1586号
12	毒杀芬	农业部公告第199号、斯德哥尔摩公约
13	毒鼠硅	农业部公告第199号
14	毒鼠强	农业部公告第199号
15	对硫磷	农业部公告第322号、第632号
16	二溴氯丙烷	农业部公告第199号
17	二溴乙烷	农业部公告第199号
18	福美胂	农业部公告第2032号
19	福美甲胂	农业部公告第2032号
20	氟虫胺	农业农村部公告第148号，2020年1月1日起禁用
21	氟乙酸钠	农业部公告第199号
22	氟乙酰胺	农业部公告第199号
23	甘氟	农业部公告第199号
24	汞制剂	农业部公告第199号
25	甲胺磷	农业部公告第322号、第632号
26	甲磺隆	农业部公告第2032号
27	甲基对硫磷	农业部公告第322号、第632号
28	甲基硫环磷	农业部公告第1586号
29	久效磷	农业部公告第322号、第632号
30	林丹	斯德哥尔摩公约
31	磷胺	农业部公告第322号、第632号
32	磷化钙	农业部公告第1586号
33	磷化镁	农业部公告第1586号
34	磷化锌	农业部公告第1586号
35	硫丹	农业部公告第2552号

（续）

序号	农药名称	禁用依据
36	硫线磷	农业部公告第1586号
37	六六六	农业部公告第199号、斯德哥尔摩公约
38	六氯苯	斯德哥尔摩公约
39	氯丹	斯德哥尔摩公约
40	氯磺隆	农业部公告第2032号
41	灭蚁灵	斯德哥尔摩公约
42	七氯	斯德哥尔摩公约
43	三氯杀螨醇	农业部公告第2445号
44	杀虫脒	农业部公告第199号
45	杀扑磷	农业部公告第2289号，禁止在柑橘上登记使用，且原先的登记使用范围仅有柑橘，故相当于全面禁用
46	砷、铅类	农业部公告第199号
47	十氯酮	斯德哥尔摩公约
48	特丁硫磷	农业部公告第1586号
49	溴甲烷	农业部公告第2552号，禁止农业使用，但还可用于检疫熏蒸处理
50	异狄氏剂	斯德哥尔摩公约
51	蝇毒磷	农业部公告第1586号
52	治螟磷	农业部公告第1586号

表5-2　我国已限制（登记）使用的农药清单

序号	农药	限制	农业部公告号
1	C型肉毒梭菌毒素	限制使用，定点经营	2567
2	D型肉毒梭菌毒素	限制使用，定点经营	2567
3	敌鼠钠盐	限制使用，定点经营	2567

（续）

序号	农药	限制	农业部公告号
4	丁酰肼	撤销在花生上登记，不得使用	274
		限制使用	2567
5	丁硫克百威	2019年8月1日起禁止在蔬菜、瓜果、茶叶、菌类和中草药材作物上使用	2552
		限制使用	2567
6	毒死蜱	禁止在蔬菜上使用	2032
		限制使用	2567
7	氟苯虫酰胺	禁止在水稻作物上使用	2445
		限制使用	2567
8	氟虫腈	除卫生用、玉米等部分旱田种子包衣剂外，停止销售和使用	1157
		限制使用	2567
9	氟鼠灵	限制使用，定点经营	2567
10	甲拌磷	撤销在柑橘上登记	194
		不得用于蔬菜、果树、茶叶、中草药材上	199
		禁止在甘蔗上使用	2445
		限制使用，定点经营	2567
11	甲基异柳磷	撤销在果树上登记	194
		不得用于蔬菜、果树、茶叶、中草药材上	199
		禁止在甘蔗上使用	2445
		限制使用，定点经营	2567
12	克百威	撤销在柑橘上登记	194
		不得用于蔬菜、果树、茶叶、中草药材上	199
		禁止在甘蔗上使用	2445
		限制使用，定点经营	2567

（续）

序号	农药	限制	农业部公告号
13	乐果	限制使用	2567
		2019年8月1日起禁止在蔬菜、瓜果、茶叶、菌类和中草药材作物上使用	2552
14	磷化铝	产品应采用内外双层包装，外包装密闭，内包装通透，便于直接熏蒸使用；禁止使用其他包装产品	2445
		限制使用，定点经营	2567
15	硫环磷	不得用于蔬菜、果树、茶叶、中草药材上	199
16	氯化苦	仅限于作为土壤熏蒸剂	2289
		限制使用，定点经营	2567
17	氯唑磷	不得用于蔬菜、果树、茶叶、中草药材上	199
18	灭多威	撤销在柑橘树、苹果树、茶树、十字花科蔬菜上登记，不得使用	1586
		限制使用，定点经营	2567
19	灭线磷	不得用于蔬菜、果树、茶叶、中草药材上	199
		限制使用，定点经营	2567
20	内吸磷	不得用于蔬菜、果树、茶叶、中草药材上	199
21	氰戊菊酯	不得用于茶树上	199
		限制使用	2567
22	三唑磷	禁止在蔬菜上使用	2032
		限制使用	2567
23	杀鼠灵	限制使用，定点经营	2567
24	杀鼠醚	限制使用，定点经营	2567
25	水胺硫磷	撤销在柑橘上登记，不得使用	1586
		限制使用，定点经营	2567

（续）

序号	农药	限制	农业部公告号
26	涕灭威	撤销在苹果上登记	194
		不得用于蔬菜、果树、茶叶、中草药材上	199
		限制使用，定点经营	2567
27	溴敌隆	限制使用，定点经营	2567
28	溴鼠灵	限制使用，定点经营	2567
29	氧乐果	撤销在甘蓝上登记	194
		撤销在柑橘上登记，不得使用	1586
		限制使用，定点经营	2567
30	乙酰甲胺磷	限制使用	2567
		2019年8月1日起禁止在蔬菜、瓜果、茶叶、菌类和中草药材作物上使用	2552

（二）在必要的时候用药

一般情况下，除了一些外来入侵的检疫性病虫草害外，少量病虫草害的发生对作物生产不会造成经济损失，而且常常有利于生物多样性的保持，如草莓园中有少量的叶螨类害虫存在有利于捕食螨等天敌种群的保存和增殖。因此，为了避免不必要的用药，对于大多数害虫，都可以根据“防治指标”（或称“经济阈值”）来考虑用药。国外曾有试验报道，在二斑叶螨密度达到120头/叶时，草莓的产量、果实数量和含糖量也没有受到显著影响。但由于杀菌剂往往需要在发病之前或发病初期施用，是否施用一般要根据病害的严重度预报、当地的历年经验或发病条件的分析来决定。

（三）在最适的时期用药

在不同的时期使用农药对病虫草害的防治效果，对作物及其周围环境的影响都会有非常显著的差异。选择一个最适的用药时期对于提高防效、减少不利影响是非常重要的。杀虫杀螨剂对害虫（或害螨）的作用有毒杀、驱避、拒食、引诱和干扰生长发育等，毒杀作用的方式又有胃毒、触杀和熏蒸等。通常，毒杀作用的杀虫剂以对幼（若）虫的初龄期最为有效，性诱剂作用于性成熟的成虫，拒食作用的杀虫剂作用于害虫的主要取食阶段，驱避作用的杀虫剂作用于害虫的主要取食和产卵期。杀菌剂对病虫害的防治作用有保护作用和治疗作用，大多数的杀菌剂都以保护作用为主，只有在病菌侵入作物组织之前施药才会起到良好的防治效果。因此，杀菌剂一般要在发病初期或将要发病时施用。如果作物不同生育期的感病性有显著差异，也可在感病生育期开始到来时施药。除草剂也要根据药剂本身的性质（如是选择性的还是灭生性的，是茎叶处理剂还是土壤处理剂等）、作物种类及其生育期（是否对拟用除草剂敏感）和主要杂草的生育期（对拟用除草剂的敏感性）确定对杂草效果好，对作物安全的施药适期。

（四）选择对口的农药品种

农药的品种很多，各种药剂的理化性质、生物活性、防治对象等各不相同，某种农药只对某些甚至某种对象有效，如四聚乙醛对防治蜗牛等软体动物类害虫有很好效果，但对昆虫类和螨类等其他害虫几乎无效。当一种防治对象有多种农药可供选择时，应选择对主要防治对象效果好、对人畜和环境生物毒性低、对作物安全和经济上可以接受的品种。严格来说，农药品种的选择应在农药合理使用准则和农药登记资料规定的使用范围内，根据当地的使用经验选择，任何农药产品都不得超出农药登记批准的使用范围（通常在农药包装标签上有说明）使用。但由于目前我国已制定的《农药合理使用准则》（GB/T 8321）还没有涉及草莓，在草莓上获得使用登记的也仅有30种农药防治9种病虫草害，不能满足草莓正常生产的需要（表5-3）。所幸最近我国的农药登记主管部门已经注意到了这一问题，并正在采取措施推进农药在草

表5-3 我国已在草莓上登记使用的农药

序号	名 称	对象	有效成分用量	方法	简要使用规范和注意事项
1	24-表芸薹素内酯	调节生长	0.02～0.03毫克/千克	喷雾	于草莓盛花期和花后1周各喷雾1次
2	β-羽扇豆球蛋白多肽	灰霉病	603～840克/公顷	喷雾	临时登记，开花期喷药1次，开始发病后每隔5～7天1次，共喷施2～5次，每季草莓最多使用5次
3	苯甲·嘧菌酯	白粉病	30%悬浮剂 1 000～1 500倍液	喷雾	
4	吡虫啉	蚜虫	30～37.5克/公顷	喷雾	
5	吡唑醚菌酯	灰霉病	112.5～187.5克/公顷	喷雾	
6	啶酰菌胺	灰霉病	225～337.5克/公顷	喷雾	发病前或发病初期用药，每次间隔7～10天。每季最多用药3次，安全间隔期3天
7	多抗霉素	灰霉病	48～60克/公顷	喷雾	
8	粉唑醇	白粉病	75～150克/公顷	喷雾	发病初期使用，每隔7天1次，每季最多使用3次，安全间隔期为7天
9	氟菌·肟菌酯	白粉病 灰霉病	150～225克/公顷	喷雾	每季最多使用2次
10	氟菌唑	白粉病	67.5～135克/公顷	喷雾	发病初期喷药，每季最多使用3次，安全间隔期5天
11	甲维盐	斜纹夜蛾	2.57～3.42克/公顷	喷雾	
12	克菌丹	灰霉病	833.3～1 250毫克/千克	喷雾	安全间隔期2天
13	枯草芽孢杆菌	灰霉病 灰霉病	600～900克制剂/公顷 （1 000亿芽孢/克）	喷雾	病害初期或发病前施药，不能与链霉素、含铜或碱性农药等混用
14	苦参碱	蚜虫	9～10.35克/公顷	喷雾	不能与呈碱性的农药等物质混用。不宜与化学农药混用，如果使用过化学农药，5天后再使用本品，每季最多施用1次，安全间隔期10天

（续）

序号	名　称	对象	有效成分用量	方法	简要使用规范和注意事项
15	藜芦碱	叶螨	9～10.5克/公顷	喷雾	每季最多施用1次，安全间隔期10天
16	联苯肼酯	二斑叶螨	64.5～161.25克/公顷	喷雾	对鱼高毒，避免药液流入水体，每季最多使用2次
17	醚菌·啶酰菌	白粉病	112.5～225克/公顷	喷雾	发病前或发病初期用药，间隔7～14天1次，每季最多用药3次，安全间隔期为7天
18	醚菌酯	白粉病	120～150克/公顷	喷雾	发病初期使用，根据发病情况可间隔7～10天再施药1次，每季最多使用2次，安全间隔期5天
19	嘧菌酯	炭疽病	150～225克/公顷	喷雾	不能与有机硅助剂、乳油类、有机磷类农药混用
20	嘧霉胺	灰霉病	270～360克/公顷	喷雾	发病初期施药，间隔7～10天可再施药1次，每季最多使用2次，安全间隔期5天
21	棉隆	线虫	30～40克/米^2	土壤处理	宜在夏季高温期进行，施药后及时地膜密封（参见本书第六章的“土壤熏蒸处理”部分）
22	蛇床子素	白粉病	6～7.5克/公顷	喷雾	
23	四氟·肟菌酯	白粉病	39～48克/公顷	喷雾	
24	四氟醚唑	白粉病	30～48克/公顷	喷雾	发病初期喷雾，每隔7～10天施药1次，每季最多使用3次，安全间隔期7天
25	甜菜安·宁	一年生阔叶杂草	360～480克/公顷	茎叶喷雾	每季作物最多只能使用1次
26	戊菌唑	白粉病	26.25～37.5克/公顷	喷雾	
27	戊唑醇	炭疽病	75～105克/公顷	喷雾	发病前或初出现病斑时隔7～10天连喷2～3次
28	依维菌素	红蜘蛛	5～10毫克/千克	喷雾	安全间隔期5天，每季最多使用2次
29	唑醚·啶酰菌	灰霉病	228～342克/公顷	喷雾	
30	唑醚·氟酰胺	白粉病 灰霉病	75～150克/公顷 150～225克/公顷	喷雾	发病初期开始用药，间隔7～10天连续施药，每季作物最多施药3次，安全间隔期7天

注：农药登记情况会动态变化，本表是根据中国农药信息网2018年3月的资料整理。

莓等小作物上的使用登记进程。目前作为一个临时的权宜之计，建议当登记在草莓上的农药产品确实不能满足防治要求时，各地农业管理部门可参照蔬菜类作物的合理使用准则和登记情况，有组织地通过应用示范取得经验，提出临时使用农药清单，并按照《农药登记管理办法》的规定报农业农村部备案后使用。

（五）采用恰当的用药方法和技术

农药的施用方法应根据病虫草害的危害方式、发生部位、设施条件和农药的特性等来选择。一般来说，在作物地上部表面危害的病虫害，如草莓灰霉病、白粉病等，通常可采用喷雾等方法；有大棚等保护设施的，也可用熏烟的方式；对土壤传播的病虫害，如草莓枯萎病、黄萎病等，可采用土壤处理的方法；对通过种苗传播的病虫害，可采用种苗处理的方法等。对于同一种用药方法，通过技术改进也可以大幅度减少农药用量，从而显著减少对环境的污染。减少农药用量的使用技术主要有：

（1）低容量喷雾技术。通过喷头技术改进，提高喷雾器的喷雾能力，使雾滴变细，增加覆盖面积，降低喷药液量。传统喷雾方法每公顷用药液量在600 ～ 900升，而低容量喷雾技术用药液量仅为50 ～ 200升，不但省水省力，还提高了工效，节省农药用量。

（2）静电喷雾技术。通过高压静电发生装置，使雾滴带上静电，药液雾滴在静电的引导下，沉积于植物表面的比例显著增加，农药的有效利用率大幅提高。

（3）使用有机硅、矿物油等农药助剂。因这些农药助剂可大幅度增强药液的附着力、扩展性和渗透力，通常可减少1/3的农药用量和50%以上的用水量，从而提高农药利用率和防治效果。

（六）掌握适当的用量

农药要有一定的用量（或浓度）才会有满意的效果，但并不是用量越大越好。首先，达到一定用量后，再增加用量，不会再明显提高防效；第二，留有少量的害虫对天敌种群的繁衍有利；

第三，绝大多数杀虫剂对害虫天敌有一定杀伤力，浓度越高，杀伤力越大；第四，农药用量增加必然会增加农产品中的农药残留量；第五，部分农药用量增加容易产生药害；第六，部分农药（特别是植物生长调节剂类）用量过大反而难以达到预期效果。同一种农药，其适宜用量可因不同的防治对象而有不同；对同一个防治对象，在不同的季节或不同的发育阶段，农药的适宜用量也可能不同。通常应在农药合理使用准则和农药登记资料规定的用量（或浓度）范围内，根据当地的使用经验掌握。

（七）控制使用次数和安全间隔期

控制农药的使用次数和安全间隔期是实现农药合理使用的一个非常重要的环节。通常，在农药合理使用准则等涉及农药使用的规范性标准中，都有各种农药（按有效成分计，由不同厂家生产的具有不同商品名的农药，如果其有效成分相同，即为同一种农药）在每季作物上的最多使用次数和安全间隔期（即采收距最后一次施药的间隔天数）的规定。另外，在农药登记批准的标签上也理应有在每季作物上的最多使用次数和安全间隔期的规定。但我国已有的农药合理使用准则中不包括在草莓上的合理使用规定，现有在草莓上获得使用登记的30种农药，在批准的标签上大多已有每季最多使用次数和安全间隔期的规定，但也有部分农药产品没有明确规定。

（八）预防人畜中毒

人、畜发生农药中毒的主要原因是施药人员忽视个人防护，施药浓度过高、高温天气施药或施药时间过长，误食了被高毒农药污染的农产品等。因此，在施用农药时必须按照农药合理使用的规范，控制好使用浓度、安全间隔期和最多使用次数，特别是在农药的使用过程中应严格按照农药安全使用的操作规范，施药人员必须做好个人防护工作，如施药时穿长裤和长袖衣服，戴帽子、口罩和手套，穿鞋、袜等，每天施药时间不超过6小时，中午高温和风大时不施药，施药过程不进食，施药结束后及时彻底清洗和漱口等。特别要注意的是，我国草莓生产大多采用设施栽培，设施内施药环境比较封闭，挥发性比较强的农药容易在设施内空间形成局部的高浓度，施药后要尽早离开。且设施草莓连续采收期长，其间有时难免使用农药，用药后一定要注意安全间隔期，不要随意在草莓园内采食草莓。

（九）预防植物药害

农药用量过大、施药方法不当、药剂挥发和飘移至敏感作物上、农药质量不合格、施药后环境条件恶化、管理不善导致误用农药或混用不当等均可造成药害。如草莓对三唑酮等药剂就非常敏感，草莓园中应慎用。因此，农药的使用必须严格按照农药的合理使用规范和农药登记时规定的使用范围、注意事项、使用方法和用量执行，并注意附近是否有敏感作物，环境条件是否特别不利等。要在充分考虑农药的特性后谨慎地混用农药，没有混用过的要先做试验，取得经验后再混用。同时，加强对农药质量的监管和对农药使用技术的培训。

（十）预防病虫草害产生抗药性

病虫草害和其他生物体一样，都有抵御外界恶劣环境的本能。在不断受到农药袭击的环境中，病虫草害同样有一种逐渐产生抵抗力的反应，这就是抗药性。如在部分草莓产区，灰霉病菌已经对嘧霉胺和异菌脲等药剂产生了明显的抗药性。而保证农药的合理使用是预防病虫草害产生抗药性的主要途径，其中关键的措施如下：

（1）放宽防治指标。在不得不使用农药时，应尽量放宽防治指标，减少用药次数和用药量，降低选择压力，降低抗性个体频率上升的速度，延缓抗药性。如二斑叶螨密度即使达到120头/叶，草莓的产量、果实数量和含糖量也没有受到显著影响。

（2）轮换农药品种。应尽可能选用作用机制不同，没有交互抗性的农药品种轮换使用。如杀虫剂中有机磷类、拟除虫菊酯类、氨基甲酸酯类、有机氮类、生物制剂和矿物制剂等各类农药的作用机制都不同，可以轮换使用。杀菌剂中内吸性杀菌剂（苯并咪唑类、抗生素类等）容易引起抗药性，应避免连续使用；接触性杀菌剂（代森类、硫制剂、铜制剂等）不容易产生抗药性。农药品种的轮换也可采用棋盘式交替用药的方法，即把一片草莓园分成若干个区，如棋盘一样，在不同的区内，交替使用两种作用机制不同的农药。

（3）不同农药品种混合使用。两种作用方式和机制不同的药剂混合使用，或在农药中加入适当的增效剂，通常可以减缓抗药性的发展速度。但混合使用的药剂组合必须经过仔细的研究，不能盲目混用。而且混配的农药也不能长期单一地采用，否则同样可能引起抗药性，甚至发生多抗性。

（4）暂停或限制使用。当一种农药已经产生抗药性时，应停止或限制使用，经过一段时间后，抗药性现象可能会逐渐减退，药剂的毒力逐渐恢复。在确认抗药性已经消退后，可再继续使用该药剂。

（5）采用正确的施药技术。对于不同的作物和有害生物，应选用恰当的施药技术和使用剂量或浓度，使药剂适量、有效、均匀地沉积到靶标上。

四、绿色食品生产中农药的合理使用要求

绿色食品是我国特有的一类具有较高安全质量要求的食品，生产中的有害生物的防治应遵循下列原则：①以保持和优化农业生态系统为基础。建立有利于各类天敌繁衍和不利于病虫草害滋生的环境条件，提高生物多样性，维持农业生态系统的平衡；②优先采用农业措施：如抗病虫品种、种子种苗检疫、培育壮苗、加强栽培管理、中耕除草、耕翻晒垡、清洁田园、轮作倒茬、间

作套种等；③尽量利用物理和生物措施：如用灯光、色彩诱杀害虫，机械捕捉害虫，释放害虫天敌，机械或人工除草等；④必要时合理使用低风险农药：如果没有足够有效的农业、物理和生物措施，在确保人员、产品和环境安全的前提下，配合使用低风险的农药。

绿色食品生产中农药的选用应符合以下要求：①所选用的农药应符合相关的法律法规，并获得国家农药登记许可；②应选择对主要防治对象有效的低风险农药品种，提倡兼治和不同作用机理农药交替使用；③农药剂型宜选用悬浮剂、微囊悬浮剂、水剂、水乳剂、微乳剂、颗粒剂、水分散粒剂和可溶性粒剂等环境友好型剂型；④不可使用《绿色食品　农药使用准则》（NY/T 393）附录所列清单之外的农药品种。

绿色食品生产中农药的使用应选在主要防治对象的防治适期，根据有害生物的发生特点和农药特性，选择适当的施药方式，但不宜采用喷粉等风险较大的施药方式；应按照农药产品标签或GB/T 8321和GB 12475的规定使用农药，控制施药剂量（或浓度）、施药次数和安全间隔期。

五、有机农业生产中农药的合理使用规范

按照2011年颁布的有机产品国家标准《有机产品　第1部　分：生产》（GB/T 19630.1—2011）中的规定，病虫草害防治的基本原则是：应从农业生态系统出发，综合运用各种防治措施，创造不利于病虫草害滋生和有利于各类天敌繁衍的环境条件，保持农业生态系统的平衡和生物多样化，减少各类病虫草害所造成的损失。应优先采用农业措施，通过选用抗病抗虫品种、非化学药剂种子处理、培育壮苗、加强栽培管理、中耕除草、耕翻晒垡、清洁田园、轮作倒茬、间作套种等一系列措施起到防治病虫草害的作用。还应尽量利用灯光、色彩诱杀害虫，机械捕捉害虫，机械或人工

除草等措施，防治病虫草害。以上提及的方法不能有效控制病虫草害时，允许使用下列物质：

（1）植物和动物来源。包括楝素（苦楝、印楝等提取物）、天然除虫菊素（除虫菊科植物提取液）、苦参碱及氧化苦参碱（苦参等提取物）、鱼藤酮类（如毛鱼藤）、蛇床子素（蛇床子提取物）、小檗碱（黄连、黄柏等提取物）、大黄素甲醚（大黄、虎杖等提取物）、植物油（如薄荷油、松树油、香菜油）、寡聚糖（甲壳素）、天然诱集和杀线虫剂（如万寿菊、孔雀草、芥子油）、天然酸（如食醋、木醋和竹醋）、菇类蛋白多糖（蘑菇提取物）、水解蛋白质、牛奶、蜂蜡、蜂胶、明胶、卵磷脂、具有驱避作用的植物提取物（大蒜、薄荷、辣椒、花椒、薰衣草、柴胡、艾草的提取物）、昆虫天敌（如赤眼蜂、瓢虫、草蛉等）。

（2）矿物来源。包括铜盐（如硫酸铜、氢氧化铜、氯氧化铜、辛酸铜等）、石硫合剂、波尔多液、氢氧化钙（石灰水）、硫黄、高锰酸钾、碳酸氢钾、石蜡油、轻矿物油、氯化钙、硅藻土、黏土（如斑脱土、珍珠岩、蛭石、沸石等）、硅酸盐（硅酸钠、石英）、硫酸铁（3价铁离子）。

（3）微生物来源。包括真菌及真菌提取物（如白僵菌、轮枝菌、木霉菌等）、细菌及细菌提取物（如苏云金芽孢杆菌、枯草芽孢杆菌、蜡质芽孢杆菌、地衣芽孢杆菌、荧光假单胞杆菌等）、病毒及病毒提取物（如核型多角体病毒、颗粒体病毒等）。

（4）其他。包括氢氧化钙、二氧化碳、乙醇、海盐和盐水、明矾、软皂（钾肥皂）、乙烯、石英砂、昆虫性外激素、磷酸氢二铵。

（5）由认证机构按照标准规定（GB/T 19630.1中的附录C：评估有机生产中使用其他投入品的准则）进行评估后允许使用的其他物质。

主要参考文献

靳宝川, 张雷, 邢冬梅, 等, 2014. 11个草莓品种对炭疽病的田间抗性表现[J]. 植物保护, 40(2): 123-126.

李宝聚, 姜鹏, 张慎璞, 等, 2005. 日本石灰氮日光消毒防治温室土传病害技术简介[J]. 中国蔬菜(4): 38-39.

李惠明, 赵康, 赵胜荣, 等, 2012. 蔬菜病虫害诊断与防治实用手册[M]. 上海: 上海科学技术出版社.

吕鹏飞, 楼杰, 2005. 高温闷棚防治大棚草毒白粉病技术研究[J]. 浙江农业科学(1): 66-67.

马燕会, 齐永志, 赵绪生, 等, 2012. 自毒物质胁迫下不同草莓品种枯萎病抗性变化的研究[J]. 河北农业大学学报, 35(2): 93-97.

奇尔德斯, 2017. 现代草莓生产技术[M]. 张运涛, 等, 译. 北京: 中国农业出版社.

森下昌三, 2016. 草莓的基本原理: 生态与栽培技术[M]. 张运涛, 等, 译. 北京: 中国农业出版社.

苏家乐, 钱亚明, 王壮伟, 等, 2004. 不同草莓品种对蛇眼病田间抗性鉴定[J]. 江苏农业科学 (6): 85-86.

童英富, 郑永利, 2005. 草莓病虫原色图谱[M]. 杭州: 浙江科学技术出版社.

张志恒, 陈倩, 2016. 绿色食品农药实用技术手册[M]. 北京: 中国农业出版社.

张志恒, 王强, 2008. 草莓安全生产技术手册[M]. 北京: 中国农业出版社.

张志恒, 王强, 赵学平, 2005. 草莓部分病虫害生物防治研究新进展简述[M]//成卓敏. 农业生物灾害预防与控制研究. 北京: 中国农业科学技术出版社: 958-960.

甄文超, 曹克强, 代丽, 等, 2004. 连作草莓根系分泌物自毒作用的模拟研究[J]. 植物生态学报, 28(6): 828-832.

甄文超, 代丽, 胡同乐, 等, 2004. 连作对草莓生长发育和根部病害发生的影响[J]. 河北农业大学学报, 27(5): 68-71.

周厚成, 何水涛, 2003. 草莓病毒病研究进展[J]. 果树学报, 20(5): 421-426.

Averre C W, Jones R K, Milholland R D, 2002. Strawberry diseases and their control[J]. Fruit Disease Information Note (5): 1-5.

Freeman S, Minz D, Kolesnik I, et al, 2004. *Trichoderma* biocontrol of *Colletotrichum acutatum* and *Botrytis cinerea* and survival in strawberry[J]. European Journal of Plant Pathology, 110: 361-370.

Linder Ch, Carlen Ch, Mittaz Ch,2003. Harmfulness of the two-spotted spider mite *Tetranychus urticae* Koch and control strategies in early season strawberry crops[J]. Revue suisse de viticulture, arboriculture, horticulture (Switzerland), 35(4): 235-240.